L. PENASSON

OFFICIER D'ACADÉMIE

3182

LA

SCIENCE DE LA VIE

ENSEIGNÉE

A LA JEUNESSE

PARIS

LIBRAIRIE BLOUD ET BARRAL

4, RUE MADAME ET RUE DE RENNES, 59

LA SCIENCE DE LA VIE

ENSEIGNÉE A LA JEUNESSE

L. PENASSON

OFFICIER D'ACADÉMIE

LA
SCIENCE DE LA VIE

ENSEIGNÉE

A LA JEUNESSE

PARIS

LIBRAIRIE BLOUD ET BARRAL

4, RUE MADAME, ET RUE DE RENNES, 59

PRÉFACE

A mon cher fils Georges.

Par ci, par là, glanant ma gerbe,
J'ai recueilli beaux épis d'or ;
Egrène bien chaque proverbe,
Tu trouveras plus d'un trésor.

L. P.

Le premier souci de l'adolescent, quand il commence à comprendre, devrait être de travailler à son perfectionnement moral.

S'il ne lui est pas donné d'être un homme de génie, il peut toujours devenir un homme de bien.

Travail délicat, nécessairement difficile.

N'a-t-il pas à compter avec ses passions, parfois même avec l'influence d'un entourage suspect ?

Où trouvera-t-il un secours contre ses inclinations mauvaises et les conseils perfides qui lui seront donnés, sinon dans un désir sincère de suivre la voie tracée par ses parents et par ses maîtres ?

Cette première direction suffira-t-elle toujours ? L'enfant voudra lire et, de ses lectures, il tirera des conséquences morales. Là est le danger.

Combien de jeunes gens ne sont devenus ce qu'ils sont, que par le genre de lectures qu'ils ont faites !

Si le choix a été heureux, leur jugement s'étant formé au contact d'idées saines, ils se trouvent armés pour la lutte. Au contraire, s'ils se sont nourris d'une littérature peu morale, ou d'une morale douteuse, engagés dans la mauvaise voie, ils seront fatalement vaincus.

Nous avons cru leur être utile en condensant dans un recueil, accompagnées d'un commentaire, une série de pensées et de maximes tirées des meilleurs auteurs.

Ce commentaire est le fruit de l'expérience acquise dans un enseignement de plus de trente années. Nous n'avons rien négligé pour le rendre aussi attrayant que possible.

Nous dédions ce livre à la jeunesse : la munir d'un bagage de principes moraux, qui l'accompagnent dans le chemin de la vie, telle est toute notre ambition.

L. PENASSON,

Off. d'Académie.

LA SCIENCE DE LA VIE

ENSEIGNÉE A LA JEUNESSE

I

Les fautes d'un homme de sens tournent à son profit.

Nul n'est exempt de faiblesses. Tous, nous sommes plus ou moins exposés à commettre des fautes, soit à cause de notre caractère, soit à cause de notre position. Ce n'est pas tant dans la faute qu'est le mal, que dans la résistance au bien, lorsqu'on reconnaît avoir fait fausse route.

Un homme de sens ne se laisse pas abattre par sa chute ; l'humiliation qu'il en ressent est plutôt une cause de perfectionnement. Il en examine les motifs et les conséquences ; il les raisonne dans le calme : préparation salutaire aux luttes de l'avenir.

Quand il s'agit d'affaires matérielles, s'il lui arrive de s'engager dans une voie désastreuse pour ses intérêts, c'est en cherchant à s'en retirer qu'il acquiert l'expérience nécessaire, laquelle lui permettra de se conduire avec plus de prudence dans la suite. En outre, ces fautes diverses le rendent circonspect, clairvoyant, et elles le disposent même à l'indulgence. Il faut avoir côtoyé le danger pour apprécier combien la pente qui y conduit est rapide.

L'homme de sens ne jette point non plus la pierre à l'insensé ; rien ne l'assure qu'il ne tombera pas lui-même plus bas encore. Ecoutez cette parole de M. Rozan : « Un homme de bon sens ne doit pas montrer les autres avec un doigt sale ; celui qui a bon cœur pardonne, même les fautes qu'il ne commettra pas. »

Plus l'homme approche de la perfection, plus il est indulgent ; plus sa conscience est lourde, et plus aisément il relève les fautes d'autrui. On dirait que les vertus des autres lui sont pénibles, ou que leurs défauts atténuent ses propres faiblesses. N'est-on pas porté à rire plutôt des fautes de chacun qu'à se réjouir de leurs qualités ? Travers de l'humanité prouvant un fonds d'envie, caché au plus intime de son cœur. Seul, l'homme de bon sens et de foi ignore ce travers, ou le combat sans faiblesse.

Modelant sa conduite sur les hommes d'honneur et sur la morale pure et suave de l'Evangile, il s'inspirera en toutes circonstances de la valeur des premiers et du code sublime donné à l'humanité par le Rédempteur lui-même, résumé dans ces mots : « Pardonne tout à tous et rien à toi. » Alors, dégagé du sot orgueil qui lui voile ses faiblesses, il se connaîtra mieux, et pourra mettre à profit les fautes des autres, afin de les éviter lui-même.

II

Nous avons des maîtres qui nous apprennent à parler, et nous n'en avons pas qui nous apprennent à nous taire. Parler, c'est dépenser; écouter, c'est acquérir.

Apprendre à parler, ressort de l'instruction ; apprendre à se taire, dépend plutôt de la morale. Ces deux sciences font partie de l'école ; seulement nous nous arrêtons plus volontiers sur la première que sur la seconde.

Nous voulons obtenir une élocution facile, un langage correct, et autant que possible aisé : chose difficile, il est vrai, mais que le maître obtient à force de patience et de persévérance chez un certain nombre de ses élèves. C'est l'auxiliaire indispensable des bonnes études : une page d'histoire ou de littérature redite correctement, une pensée développée en termes convenables, une explication faite assez clairement, sont fruits délicieux à récolter pour le maître, en même temps que profitables pour l'enfant.

Amener l'élève à se taire, à ne parler qu'à propos, à savoir écouter, est de la pure morale.

Il est plus facile d'obtenir de lui une bonne leçon

que de lui faire acquérir une vertu : là, il ne faut qu'un peu d'intelligence ; ici, il faut s'observer et vouloir. La culture morale est d'une nature plus délicate que l'autre.

Parler, c'est dépenser ; écouter, c'est acquérir. En parlant, on donne de soi-même ; or, si l'on parle plus qu'on n'écoute, on apprend peu et l'on s'appauvrit vite.

En écoutant, au contraire, on augmente ses connaissances, on s'enrichit de l'esprit des autres, du fruit de leurs études ou de leur expérience. S'il est bon de parler, il est meilleur de se taire. Parler modérément, avec tact et mesure, c'est faire preuve d'un esprit réfléchi et de bon jugement. Ecouter avec patience et attention, c'est montrer à la fois de la politesse et de la prudence.

On peut souvent regretter d'avoir parlé, rare-ment de s'être tu : le silence ne compromet personne. Il conduit aussi à la discrétion ; et la discrétion mène à la charité.

Donc, si nos maîtres ne nous apprennent qu'à parler, en nous initiant à l'art de bien dire, ils nous mènent tout droit à savoir nous taire, et à savoir écouter.

III

**Ne crois pas à tout ce que disent les grands
parleurs; il est rare qu'ils n'altèrent pas la
vérité.**

La manie de parler fait le plus grand tort à son
auteur, et plus encore à ceux qu'il atteint. Le
grand parleur épuise promptement ses connaissances; dès lors, ne voulant pas rester à court, il
invente. C'est le défaut ordinaire de ceux qui
tiennent constamment le dé de la conversation.
Quand on commence à se laisser aller à cette pente
funeste, on dépasse peu à peu les limites de la
convenance, ou d'une certaine réserve, que toute
personne sérieuse s'impose. On amplifie légèrement
d'abord; ensuite, on brode à plaisir, sans se soucier
de la vérité.

Une fois l'habitude prise, le mensonge, qui eût
fait rougir notre front au début, ne blesse plus la
délicatesse de nos sentiments. Pourvu qu'il parle,
le bavard oublie le tort fait à la vérité et à la réputation des autres. C'est un insensé dont l'esprit
s'égare à satisfaire une sotte vanité; on l'écoute, il
est heureux. Quand on a ri de ses saillies, qu'on a
relevé un de ses bons mots, il croit avoir montré

un esprit fin et délié ; tandis que, le plus souvent, il prouve tout simplement qu'il n'est qu'un fat, sans jugement et sans valeur.

Laissons parler M. Rozan : « L'esprit ne fait que des sottises quand il ne marche pas d'accord avec le jugement. » Est-ce que le grand parleur a le temps de réfléchir ? Les paroles sortent de sa bouche comme l'eau sort de la source ; mais tandis que celle-ci en s'écoulant rafraîchit la terre et la féconde de son passage, le parleur, lui, laisse une trace presque toujours délétère pour ceux que sa malignité a visés.

Un peu plus de jugement, et moins de loquacité, lui eussent été plus profitables : le premier retient l'esprit ; la seconde le lâche trop souvent, plus à tort qu'à raison.

Si nous nous sentons portés à parler aisément, prenons bien garde ! la pente est glissante, en ce cas, et il nous est bien difficile de nous retenir, une fois en route.

Replions-nous sur nous-mêmes, retenons nos désirs de nous mêler à une conversation capable de nous entraîner trop loin. Vous ne voulez pas mériter l'épithète de menteur, ou tout au moins de hâbleur ? Non, n'est-ce pas ? C'est pourtant, en général, la triste conséquence d'une intempérance de langage. Abstenez-vous, et vous aurez rarement l'occasion de le regretter.

IV

L'ami par intérêt est une hirondelle sur les toits.

Dès que les beaux jours reviennent, l'hirondelle, qui nous avait quittés pour un climat plus doux, revient abriter son nid au toit de notre maison. Ainsi, l'ami par intérêt; dès qu'il sent venir les tribulations ou les peines, nous abandonne, craignant d'en subir le contre-coup, quitte à revenir aux temps meilleurs.

Ce n'est pas un ami, c'est plutôt un parasite. Il vivrait, au besoin, à nos dépens; goûterait les charmes de nos relations, tant que notre existence serait douce et facile; il jouirait aussi de nos fêtes et de nos plaisirs, pourvu qu'il n'en coûtât ni à sa bourse ni à son dévouement.

Ces gens-là ignorent le bonheur dû à l'amitié vraie, aussi bien que la joie suave et délicate de la confiance réciproque de deux âmes. Une seule chose est appréciable pour eux : les avantages qu'ils pensent retirer de nos relations, de nos réceptions, voire même de notre fortune. Si ces avantages se dérobent à eux, ils ne sont plus nos amis, pas même nos connaissances. « Etrangers », c'est le seul mot qui leur reste au cœur au moment de l'épreuve. Ironiques, souvent dédaigneux, ils mettent autant d'empressement à s'éloigner, qu'ils en avaient mis à nous entourer d'hommages obsé-quieux, en nos jours de prospérité.

Par un juste retour des choses, ceux-là ne devront jamais rencontrer l'ami vrai, charme le plus doux et le plus pur de l'existence humaine.

Mme de Lambert écrivait : « Si vous voulez être heureux tout seul, vous ne le serez jamais : tout le monde disputera votre bonheur. Si vous faites que tout le monde soit heureux avec vous, tout le monde travaillera à votre bonheur. »

L'ami, semblable à l'hirondelle des toits, ne com-prend pas ce langage délicat. Pour être heureux, il faut savoir s'oublier pour les autres, leur venir en aide dans leurs besoins matériels; partager leurs souffrances, leurs larmes; enfin être pour eux ce que nous voudrions qu'ils fussent pour nous. La réciprocité dans le bien, le dévouement et la charité ne peuvent exister qu'entre mêmes âmes, mêmes cœurs.

V

Pour réussir, ce n'est pas toujours l'habileté qui manque, encore moins le désir ; c'est la persévérance.

La persévérance est la vertu des forts ; c'est aussi celle des esprits bien équilibrés : vertu essentielle pour assurer la réussite d'un travail long et ardu, aussi bien que celle de notre perfectionnement moral.

Être persévérant exige de la volonté, de l'énergie, de la patience, et un désir soutenu de mener à bonne fin l'œuvre entreprise.

La volonté surmonte les obstacles, l'énergie soutient les forces, la patience donne le coup d'œil, et le désir mène.

A ces qualités nécessaires pour affermir la persévérance, il faut joindre une haute et juste idée des résultats qu'on veut obtenir. L'oiseau ne se rebute point dans la confection de son nid, malgré ses fatigues ; il veut donner à sa famille, coûte que coûte, un chaud et doux abri.

Le savant absorbe toutes ses facultés dans la recherche de nouvelles découvertes ; il veut sonder des mystères restés inconnus, dont la révélation peut enrichir le monde d'une de ces merveilles destinées à couvrir de gloire son auteur, et à contribuer à la prospérité d'un pays.

Qui donne la persévérance aux mères dans l'œuvre de l'éducation de leurs fils et de leurs filles ? aux éducateurs de la jeunesse, dans l'art de l'instruire ? aux amis des œuvres philanthropiques, malgré les difficultés de plus d'une sorte qu'ils rencontrent pour les mener à bonne fin ? si ce n'est le bien que les uns et les autres doivent en recueillir : fruit d'un travail délicat, mais noble ; difficile, mais beau et bon.

N'oublions pas, non plus, ce qu'il faut d'efforts persévérants pour mener à bonne fin notre perfectionnement moral. N'avons-nous pas à lutter chaque jour contre nous-mêmes et contre les autres ? à choisir, à chaque pas, entre le bien et le mal, le vice et la vertu ? Et ces mille petites faiblesses, inhérentes à l'humanité; mouches bourdonnantes, agaçant sans cesse l'esprit et le cœur, que de patience ne faut-il pas pour les mettre à la raison !

Haut les cœurs ! Plus la tâche est élevée, plus elle est délicate ; plus le but à atteindre touche le devoir, plus l'énergie a de ressort. Le tout est de vouloir ; il n'y a pas d'obstacles qui ne soient vaincus par la persévérance.

VI

Nul secret n'est mieux gardé que celui qu'on ne confie pas.

Un peu de jugement, aidé d'un brin d'expérience, nous montre que le secret le mieux gardé est celui qu'on ne divulgue point. S'il est prudent de ne confier à personne la chose que l'on veut tenir secrète, il est délicat de ne pas chercher à pénétrer les secrets d'autrui, comme c'est un point d'honneur de ne point les dévoiler.

Est-il bien nécessaire de raconter nos affaires ? Si elles sont d'un caractère tel, qu'en les révélant, nous risquons simplement d'aviver la curiosité des autres, cet épanchement restera sans profit pour personne. Si, d'autre part, elles sont de nature à nous faire craindre de réjouir seulement leur malignité, le bel avantage pour nous !

Avons-nous besoin d'un conseil ? consultons des personnes sérieuses et capables de nous guider, ou qui aient qualité pour cela. Mais, s'il n'est pas d'une nécessité absolue de confier nos affaires délicates ou difficiles à débrouiller, observons un silence prudent ; nous n'aurons jamais à nous en repentir.

Méfions-nous aussi de toute personne à curiosité

indiscrète, cherchant à voir dans les affaires des autres sans motif sérieux ; elle ne mérite pas notre confiance.

Gardons-nous aussi d'ouvrir notre cœur à tout venant. Nos émotions, nos craintes comme nos espérances, sont une liqueur exquise enfermée en ce vase précieux ; craignons d'en répandre le contenu ; nous risquerions fort de nous attirer une foule de mécomptes. Le trésor le plus admirable de l'homme, n'est ce pas son cœur ? S'il est prudent, il n'en donnera la clef qu'à gens de vrai mérite ; ceux-là ne cherchent jamais à fouiller dans les affaires d'autrui. Ils connaissent qu'un secret est d'un poids bien trop lourd pour s'en charger bénévolement. D'ordinaire, ceux qui en sollicitent la confidence veulent seulement satisfaire une curiosité maligne ; ou bien, ignorant toute la gravité d'une telle responsabilité, ils agissent avec une naïveté telle, qu'elle indique très peu de jugement.

En outre, la personne ayant reçu la confidence d'un secret, si elle le révèle, faillit à l'honneur. Je ne sais plus qui a dit : « Sincérité, indiscrétion, bien des gens profitent du premier mot pour commettre la seconde chose. » Sous le prétexte de franchise, on trahit son ami. Nous ne nous exposerons pas à de semblables mécomptes, si nous gardons nos secrets pour nous, et si nous ne cherchons pas à pénétrer ceux des autres.

VII

Les flots les plus hautains, dès que vient un écueil, s'écoulent en écume [1].

Qu'est-ce à dire, sinon que les hommes les plus haut placés ne sont pas à l'abri des épreuves ? Quelle vive et saisissante image que ces flots s'écoulant en écume pour rentrer dans les profondeurs de l'Océan ! Qu'en reste-t-il de ces flots orgüeilleux, semblant vouloir tout renverser dans leurs grandioses évolutions ? Nulle trace..... N'en est-il pas ainsi de certains grands personnages, ayant occupé les plus hautes positions d'un État, et excité pendant un temps l'enthousiasme de beaucoup, qu'une catastrophe, ou simplement une crise gouvernementale, a refoulés dans le commun de la vie ? On perd bientôt jusqu'au souvenir de leur nom. Ils sont aussi complètement disparus de la mémoire des peuples, que l'est, du spectateur d'hier, le flot écumant englouti dans la mer tranquille.

Il en est souvent ainsi des plus brillantes destinées. Bien des gens passent leur vie à satisfaire leurs ambitions. Ils finissent par arriver aux hon-

1. Victor Hugo.

neurs, après avoir laborieusement fourni les sources vives d'une intelligence féconde, au succès de la cause qu'ils ont voulu servir. Souvent ils ont épuisé forces et santé, sacrifié des intérêts personnels et parfois intimes, pour arriver à l'honneur ou à la gloire. Et, au moment où ils se croyaient affermis au poste si longuement convoité, un changement inopiné les fait crouler au plus bas de l'échelle sociale.

Ont-ils au moins rencontré le bonheur dans ces courts instants de triomphe ? Hélas ! s'ils sont francs, que de soucis et de mécomptes auraient-ils à nous raconter : déceptions, froissements, jalousies, sans compter les inquiétudes de plus d'une sorte!

Le bonheur ? Ils ont passé à côté sans vouloir le prendre : il était dans la vie simple et tranquille, dans la famille, dans la maison modeste des vieux parents, ou dans le cercle de quelques vrais amis. Négligeant l'avenir qui semblait leur être réservé, ils ont relégué les joies de la famille au second plan; sacrifié leurs amis à des relations plus haut placées, sur lesquelles ils s'appuyaient pour arriver aux honneurs.

Après des luttes pénibles, de durs sacrifices, lorsque tout s'est écroulé, il ne leur est plus rien resté : vieux souvenirs, famille, amis, étaient ou refroidis, ou disparus.

En vivant dans la plaine, on ne craint ni le vertige des montagnes, ni les orages des flots.

VIII

Le bien a pour tombeau l'ingratitude [1].

Il est cependant bon de faire le bien : c'est la plus douce joie de la vie, la seule qui ne laisse après soi ni regrets, ni remords. Est-ce qu'on pense à l'ingratitude quand le cœur nous porte à faire des heureux ? On aime tant à faire naître le sourire sur les lèvres de celui dont l'âme est blessée, à sécher ses larmes, et à ramener en son cœur l'espérance ! La jouissance n'est-elle pas plus vive, en ce moment-là, pour celui qui offre que pour celui qui reçoit ?

Qu'importe qu'on ne se souvienne pas de nos bienfaits, qu'on oublie la part délicatement affectueuse que nous avons prise aux épreuves d'autrui ! L'essentiel est d'avoir voulu faire bien : la satisfaction tout intime qu'on en éprouve, est plus précieuse encore que la reconnaissance des autres.

« Tout est bien dans le bien, disait Joubert : le présent, le passé et l'avenir. » On jouit, en effet, d'une bonne action au moment où on l'accomplit ; par le souvenir heureux qu'elle procure à l'âme quand elle appartient au passé ; et même la perspective de l'accomplir nous donne des émotions douces, bien faites pour ne pas perdre l'occasion de faire le bien.

Triple objet bien fait pour réjouir l'âme délicate,

1. Alfred de Musset.

ne regardant pas tant à la reconnaissance qui lui est
due, qu'au bonheur de faire ce qu'elle doit. Elle donne
parce qu'elle aime ; elle jouit parce qu'elle donne :
c'est le précieux lot des gens de bien.

Il peut se faire que notre âme souffrira plus
d'une fois d'avoir trouvé l'indifférence, là où elle
avait cru rencontrer un souvenir ami : elle ne serait
ni bonne, ni délicate, si elle ne devait rien ressentir
contre la froideur ou le calcul. Les âmes généreuses
sont celles qui sentent plus vivement le contre-coup
de l'égoïsme, par une grande sensibilité, ou une
chaude affection du cœur. Elles ne trouveront de
consolation, et la force nécessaire pour continuer
le bien, que dans le souvenir heureux d'avoir suivi
les impulsions charitables de leur cœur; tandis que
si elles s'étaient abstenues, dans la crainte de n'être
pas payées de retour, elles en auraient souffert
doublement. En vérité, si l'on est peiné de com-
primer les élans de son cœur, on l'est aussi de
priver les autres d'un bienfait.

Jamais on ne s'est repenti d'avoir contribué à
adoucir les peines de l'humanité : tout le secret du
bonheur est là. Le témoignage le plus sûr ne se
trouve-t-il pas dans la sensation délicieuse, ressentie à la suite d'une bonne action ? On est ému
de voir les larmes couler ; on est heureux, oh !
combien, de pouvoir les sécher !

N'est-ce pas là du bonheur ? Oui ; et du plus vrai
que l'humanité puisse goûter.

IX

Qui veut la fin, veut les moyens.

Il suffit de lire cette maxime pour la comprendre. Vous voulez atteindre un but? prenez le bon chemin pour y arriver. C'est ce qu'on ne fait pas toujours. Quelques-uns s'imaginent qu'ils réussiront, lors même qu'ils ne se donneront ni la peine de voir les meilleurs partis à prendre, ni d'examiner les écueils à éviter; l'expérience se chargera de vérifier cette erreur à leurs dépens.

D'autres, moins naïfs, voient clairement la route à suivre; mais, comptant sur la facilité de leurs moyens ou sur leur bonne chance, ils s'illusionnent encore : comme le lièvre de la Fable, ils arriveront trop tard.

Le plus sûr est d'étudier la vraie marche à suivre, de ne compter que sur soi et sur un travail incessant. L'expérience se chargera encore de leur apprendre cette cruelle vérité : on n'obtient rien sans peine ni sans persévérance.

Enfin, les gens sensés, ou ceux que l'épreuve a déjà touchés de son doigt, ne perdent pas de vue un seul instant que, pour réussir, il est utile de mettre résolûment les mains à la pâte. N'espérant de succès qu'en leurs ressources personnelles, ils s'arment de courage, et ne comptent réellement obtenir un résultat qu'après un labeur persévérant.

Ceux-là sont presque assurés d'atteindre le but. S'ils ne réussissent pas tout à fait au gré de leurs désirs, il leur restera les ressources précieuses d'un travail accompli, destiné à perfectionner leur intelligence ou à leur procurer un gain quelconque.

En réalité, l'heure présente fut la cause, pour eux, d'une joie pure et sereine, gage sacré d'un travail régulier. Et lors même qu'ils n'ont pas atteint tout à fait leur but, si les regrets ne suivent pas la lutte, il leur reste toujours un fonds de satisfaction que nul ne saurait leur enlever.

« Le travail porte avec soi sa récompense, a dit Jules Sandeau, il nous isole du monde et de nous-mêmes. Lui dût-on seulement cette sérénité, qui couronne à coup sûr une journée bien remplie, il faudrait encore le bénir et l'aimer. »

Pensée juste, et bien faite pour soutenir le courage de l'homme laborieux, et l'aider à poursuivre le but qu'il s'est proposé.

Qu'il se pénètre bien qu'il n'y a qu'une marche à suivre : celle d'un travail actif et soutenu.

X

Petite cuisine agrandit la maison.

Une bonne dame, à l'esprit fin et délié, lançait les saillies les plus amusantes, et en même temps presque toujours profondes : on y trouvait, au fond, une leçon dont chacun pouvait tirer parti.

Elle avait une façon pittoresque de rendre cette maxime : « Savez vous, disait-elle, que rognures de table sont rognures d'or? » Elle le prouvait chaque jour par son exemple ; nulle n'était plus entendue à conduire ses dépenses selon ses revenus, et à organiser sa table d'une façon confortable en même temps qu'économique.

Le gaspillage seul est à craindre; le coulage, faute de soin et du coup d'œil du maître, ne l'est pas moins. Aussi, tout était ordre et soin chez elle : point de luxe, mais on y vivait bien; on s'y sentait à l'aise. Le gouvernement de sa maison, pour elle, était un art; de même que la conduite de son « ordinaire » une vraie science.

On ne se préoccupe pas assez sérieusement de l'importance de l'économie domestique, cette science par excellence de la femme, aussi bien dans les maisons riches, que dans les ménages modestes. On ne saurait nier qu'il nous est agréable de voir une femme sachant peindre ou faire de la musique, border finement, ou confectionner ces mille travaux exigeant de l'adresse et du goût : c'est un appoint qui ne peut déparer les éléments d'une solide instruction. On aime aussi qu'elle s'entende à la littérature, aux beaux-arts. Mais si son talent s'arrête là, son éducation, non seulement est incomplète, mais pèche par la base. Qu'elle ait une teinte de tout, c'est bon ; qu'elle sache gouverner sagement une maison, c'est encore mieux.

En général, la femme n'est pas organisée pour les applications soutenues de l'esprit ; à part quelques exceptions, ses aptitudes la portent plutôt vers les études qui ne demandent point d'efforts continus du cerveau. Par contre, elle est bien faite pour comprendre l'économie domestique : son adresse naturelle, un goût fin et délicat, son entendement aux choses du cœur, sont autant d'aptitudes diverses, qui ne demandent qu'à être cultivées, pour faire de sa maison un lieu plein d'attraits. Vrai sanctuaire, où chacun des membres y rencontre les douceurs de l'amour filial, des soins réconfortants, et l'apaisement du chagrin inhérent à l'existence de l'homme. L'important est de diriger l'éducation des jeunes filles vers ce but, pour faire la femme forte dont Fénelon nous a tracé le portrait frappant.

Qu'on ne s'y trompe point : en la femme reposent les garanties du bonheur de la famille, comme elle peut être la cause inconsciente de ses malheurs. Il est donc essentiel de la bien élever.

XI

Un peu de fiel gâte beaucoup de miel.

Chacun connaît l'amertume pénétrante du fiel; une toute petite parcelle suffirait seule à gâter la plus belle jatte de miel.

Au sens figuré, une parole méchante trouble souvent la joie de ceux auxquels elle s'adresse, quand elle ne détruit pas tout à fait leur sécurité.

On a vu de ces gens haineux dont les discours sont tout pleins de fiel. D'un caractère soupçonneux ou jaloux, ils ne mesurent pas toute l'étendue du mal qu'ils causent, entraînés qu'ils sont par leur malice, ou une basse envie de la prospérité d'autrui. Ce sont des trouble-fête : hargneux, ironiques, ils ne respirent que désordre, ne semblant vivre que des peines des autres.

Chacun les fuit; on les redoute dans les familles à l'égal d'une maladie contagieuse; dans une société d'élite, on est froidement poli pour eux, et c'est tout; car on les craint, et non sans raison.

A côté de ces gens méchants, il s'en trouve qui ne sont pas mauvais au fond, mais que la manie des bons mots rend tout aussi dangereux. En lançant leurs épigrammes blessantes, ils atteignent en plein cœur des gens paisibles et bons, et ont ainsi excité des haines profondes entre des personnes tranquilles jusque-là.

Rien n'est plus dangereux que les esprits satiriques. Plutôt que de se priver du plaisir de lancer un de leurs mots spirituels, ou qu'ils croient tels, ils blesseraient leurs meilleurs amis. On a grand tort d'en rire et de ne point assez s'en défier. Notre tour n'arrivera-t-il pas demain ? Pour nous fortifier contre les mauvais esprits, disons avec Gresset :

> J'ai rencontré souvent de ces gens à bons mots,
> De ces hommes charmants qui n'étaient que des sots ;
> Malgré tous les efforts de leur petite envie,
> Une froide épigramme, une bouffonnerie,
> A celui qui vaut mieux n'ôtera jamais rien ;
> Et malgré ces plaisants, le bien est toujours bien.

Malgré tout, on ne peut nier qu'un mot plein de fiel ait souvent aigri de grands cœurs. Ils pardonnent, c'est vrai, l'élévation de leurs vues ne leur permettant pas de faire fonds de ces malignités ; mais ils souffrent de penser que tant de gens emploient les nobles facultés de leur âme à noircir l'humanité. Avec du cœur, on ne reste jamais tout à fait indifférent aux malices des autres.

XII

Si tu ne veux pas écouter la raison, elle te donnera sur les doigts.

Nous subissons plus ou moins les conséquences ne nos fautes. Est-on sujet à la colère, à la médisance, au mensonge ? presque toujours nous aurons à regretter de ne pas écouter la raison qui nous excite au calme, quand nous sentons l'émotion nous gagner ; à modérer notre langue lorsque nous sommes portés à nous délecter aux dépens d'autrui ; et à nous taire plutôt que d'altérer la vérité.

On objectera, sans doute, qu'il est bien difficile de ne pas s'oublier un peu. C'est vrai ; mais pensons que la persistance dans nos écarts mène aux défauts qui, dans la suite, deviendront habituels. La faute n'est pas dans l'inadvertance ou dans un peu de légèreté ; elle est dans le mal voulu et accepté comme tel. Accoutumons-nous à être modérés en tout, à envisager froidement les faits, et nous éviterons ainsi bien des faiblesses. La modération est une force, un soutien dans nos luttes ; elle nous aide à mieux voir en nous.

« Notre ennemi, c'est l'amour-propre qui nous dérobe à nous-mêmes », disait Mme de Lambert.

C'est pourquoi il est bon de se connaître : la raison et la justice nous le commandent, si nous voulons rester dans le vrai. Des retours fréquents sur les inclinations de notre cœur, sur les tendances de notre caractère, sont autant d'excellents exercices qui nous permettront de nous apprécier, sinon à notre juste valeur, chose assez difficile, mais à ne pas nous estimer trop haut.

On est rarement tenté de s'enorgueillir quand on voit de près ses défauts ; c'est une mortification nécessaire à notre amour-propre, toujours porté à nous laisser voir meilleurs que nous ne le sommes. Les sots seuls restent orgueilleux après un tel examen ; les gens sensés voient plus clair. En morale, c'est comme en science ; plus on acquiert, plus il semble qu'on recule.

« Notre vie présente est le creuset laborieux d'où doit sortir notre vie future », a dit Lacordaire, parce que c'est le creuset d'où doit sortir notre perfectionnement moral. Seuls, les éternels insouciants font les éternels médiocres.

Vivant au jour le jour, comme les insensés, ils ne connaissent ni l'âpreté de la lutte, ni la joie de la victoire. La vie morale, pour eux, est lettre morte ; ils en ignorent le sens.

XIII

On ne s'appuie bien que sur ce qui résiste.

Qui n'a éprouvé la douceur d'un appui après une marche longue et fatigante ? Si cette jouissance toute matérielle est pleine de charmes pour le corps fatigué, l'appui moral que notre âme réclame, dans ses luttes ou dans ses épreuves, l'est bien davantage. Mais, pour en goûter la saveur dans toute sa plénitude, il ne doit exister aucun doute, en notre esprit, sur la valeur morale de l'ami auquel on se confie.

N'est-il pas de ces douleurs secrètes, de ces chagrins étranges dont l'aveu humilie certaines natures délicates, et pourtant dont le poids les étouffe ? Il est aussi de ces peines qui ne prennent de proportions inquiétantes que dans une imagination exaltée ou maladive : à les confier, elles perdent de leur étrangeté, souvent, pour être, ce qu'elles sont réellement, d'un ordre tout naturel.

Si, de raconter ses peines on les soulage, ce n'est qu'à la condition de les déverser dans le cœur d'un ami loyal et sérieux : celui-là seul comprend, console, et peut, selon le cas, nous donner un conseil utile. Aussi les gens sensés ne se confient volontiers qu'à ceux dont la moralité et le jugement leur offrent une garantie solide. Qu'ils ne craignent point d'entendre de sévères vérités, selon qu'ils se seront plus ou moins compromis. Qu'importe, s'ils y trouvent un adoucissement à leurs peines et peut-être un remède ? Ne savons-nous pas qu'un ami vrai nous doit la vérité, quelque dure qu'elle soit à entendre, si nous devons en retirer des avantages ? Pour guérir, certains remèdes font cruellement souffrir parfois ; mais après, c'est la douceur du repos, ou au moins d'un calme relatif, quand ce ne peut être une guérison complète.

Quoi qu'en ait dit Vauvenargues : « Il faut de grandes ressources dans l'esprit et dans le cœur pour goûter la sincérité lorsqu'elle blesse, et pour la pratiquer lorsqu'elle nous offense », nous aimons quiconque nous ouvre les bras, tout en nous montrant nos torts ; qui nous blâme avec bienveillance, ou plutôt qui nous châtie d'une main et nous relève de l'autre. Saint François de Sales l'a dit aussi : « La vérité qui n'est pas charitable, procède d'une charité qui n'est pas véritable. » Si nous aimons à entendre la vérité qui nous éclaire, nous aimons à la redire aux autres : la réciprocité dans ce cas est un acte de générosité, de justice et de vertu.

XIV

Il faut que le corps ait de la vigueur pour obéir à l'âme ; un bon serviteur doit être robuste.

L'homme robuste, sain de corps, est bien près d'être sain d'esprit ; par contre, l'homme maladif est souvent soumis aux défaillances du cœur et de l'âme. De quels efforts est capable le malingre que les nerfs agitent sans cesse ou tiraillent selon les impressions qu'il ressent ? La force morale n'a point la vitalité désirable ; elle s'énerve sous le joug des sensations diverses d'un malaise constant. L'homme fort a l'immense avantage d'avoir plus de liberté d'esprit pour conduire sa volonté.

Il n'est pas toujours en notre pouvoir de nous faire une bonne santé. En raison de l'atavisme, ou pour toute autre cause, l'enfant peut naître débile, soumis à des infirmités quelconques. Il est alors l'objet de soins délicats qui, tout en l'assujettissant à un régime sévère, neutralisent souvent la formation des qualités de son cœur, et entravent la culture de son esprit.

Mais quand l'enfant est favorisé d'une santé vigoureuse, c'est un devoir impérieux de chercher, par tous les moyens que nous fournit une bonne hygiène, de la lui conserver. Malheureusement, il ne favorise pas toujours cette tâche importante.

Les jeunes gens, attirés par l'attrait des plaisirs, s'y laissent facilement entraîner et compromettent ainsi une précieuse santé. Les jeunes filles, souvent par coquetterie, entravent leur développement physique. Ils ne savent pas, ces chers enfants, tout le cortège de maux qu'ils se préparent dans l'avenir.

La vie, qui s'ouvrait riante pour ces pauvres insensés, devient misérable. Sans force, sans énergie, ils ne connaîtront jamais la jouissance d'une vie laborieusement remplie.

Le malheur est que la plupart ne se laissent pas conduire ; ils ne sont convaincus de la sagesse des conseils qu'ils ont reçus que quand l'expérience la leur a sévèrement prouvée. Dès lors, ouvrant les yeux, ils voudraient réparer leurs torts; mais souvent il n'est plus temps : le mal accompli reste parfois sans remède, soit à cause des mauvaises habitudes prises, soit à cause des ravages qui en sont résultés.

« Alerte ! jeunesse, soyez vigoureuse ! Et vous travaillerez avec courage et persévérance à votre formation morale : cette œuvre excellente, menée à point, vous donnera la vitalité nécessaire aux luttes de la vie. L'espérance sourit à vos jeunes cœurs; conservez-la : c'est un précieux talisman contre les défaillances du présent, et un soutien pour l'avenir. »

XV

On ne doit ni se montrer, ni se cacher, mais se laisser voir.

Rester dans un juste milieu, prouve à la fois du tact, de la délicatesse et de l'humilité.

Le tact nous apprend à vivre : il nous indique tout uniment la place qui convient à notre tempérament, à notre caractère et à notre mérite.

La délicatesse nous montre que la réserve est ce qu'il y a de meilleur, si nous voulons satisfaire aux convenances.

Enfin, l'humilité nous fait voir que plus on s'oublie, mieux on vaut, et plus on plaît.

Pourtant ce n'est pas une raison pour que le vrai mérite, tout modeste qu'il soit, ne se fasse pas voir au besoin. Il est bon qu'il prouve à l'occasion que, s'il se tient caché, ce n'est pas qu'il s'ignore, mais qu'il aime à laisser à chacun sa valeur propre, et qu'il ne lui convient pas d'étaler son savoir sans nécessité, et encore moins de chercher à abaisser les autres au profit de son amour-propre.

Se laisser voir est affaire d'esprit et de cœur. La réelle beauté ne reste-t-elle pas toujours un peu voilée ? elle sait bien qu'en se laissant deviner, elle augmente ses charmes. De même, la vraie bonté cache avec soin ses bienfaits : la charité, qui se cache, ennoblit ses dons d'une saveur exquise.

Les esprits délicats seuls connaissent le secret de ces choses-là. Aussi, comme les yeux sont ravis en découvrant peu à peu les charmes de la beauté voilée ! Que cette beauté se nomme un coin de paysage, un aspect grandiose des océans ou des montagnes, une noblesse d'âme ou de cœur, ou une œuvre du génie de l'homme, nos sens sont délicieusement émus lorsqu'il nous est permis de l'apprécier. Il en est de même, quand se révèle à nous une de ces belles actions qui honorent l'humanité, et que son auteur cachait encore avec un soin jaloux.

On comprend alors ce que vaut le réel mérite. Il ne s'étale pas ; point n'est besoin pour lui de l'approbation des autres, la sienne suffit. Il ne se cache pas non plus, il se reconnaît une certaine valeur : l'acquis de son travail le lui a prouvé plus d'une fois ; mais s'il ne lui plaît point non plus d'en faire parade, il montrera au besoin ce dont il est capable.

Concluons par cette pensée de Mme de Genlis : « Les qualités de l'esprit ne font que des jaloux ; celles du cœur ne font que des amis. » L'humilité et la simplicité n'offensent personne ; c'est pourquoi elles attirent. Les dons brillants n'offusqueront point, s'ils ne se montrent que pour servir une bonne cause.

XVI

La douleur est une sentinelle qui nous met en garde contre la destruction.

La douleur, que chacun redoute, a pourtant des avantages pour l'homme : elle le met en garde contre la présomption, tout en le rendant prévoyant pour éviter le danger, elle l'humilie et le fait rentrer en lui-même : cause de perfectionnement.

Les grandes douleurs ressemblent aux vents et aux pluies d'orages ; tandis que ceux-ci purifient la terre et l'atmosphère, les premières purifient l'âme.

Il n'est pas dans notre nature d'aimer la souffrance ni de la rechercher ; c'est au-dessus des forces humaines. On ne comprendrait plus aujourd'hui sainte Thérèse dont la devise était : « Ou souffrir, ou mourir. » C'est le cri de la sainte folie de la Croix, inconnu dans le siècle où nous sommes. Ce qui est à la portée de tous, c'est de s'efforcer de supporter la souffrance avec courage, en se rappelant que, sentinelle vigilante, elle avertit l'homme de sa faiblesse et devient pour lui un gage assuré de prudence. D'ailleurs, en lui montrant sa fragilité, elle l'aide à éviter les chutes.

Un peu de bon sens nous fait profiter des maux que la Providence nous envoie. Ne pouvant nous y soustraire, le mieux est de les accepter avec courage. S'en irriter ne ferait qu'en augmenter l'intensité, sans aucun profit pour nous.

En conséquence, plus on rentre en soi, plus on se consulte, et plus on est convaincu que le calme et la résignation sont les seuls remèdes sérieux à nos maux. Souvent l'orgueil est la cause réelle de nos murmures. On se croit seul à souffrir autant, « les autres certainement n'ont pas de douleurs aussi fortes que les nôtres. » Tel est le raisonnement que l'amour-propre, trop fortement excité, nous fait faire gratuitement.

En vérité, la souffrance est une rude leçon, mais c'est une leçon nécessaire. Que sait-il de la vie, celui que l'épreuve n'a pas encore atteint ? Peu de chose vraiment. Il faut avoir souffert pour avoir l'expérience utile à la conduite des événements et des choses. La douleur, comme le temps, est un grand maître : elle corrige et modifie, ranime la foi qui sommeille, et amène l'espérance qui console, en maintenant le calme et la résignation dans les cœurs désolés.

XVII

Ecrivez les injures sur le sable et les bienfaits sur le marbre.

Oublier les injures reçues, est le fait d'une belle âme ; se souvenir des bienfaits, prouve du cœur.

On est bien près d'être parfait quand on reçoit tranquillement une injure ; on est très fort de caractère quand on la reçoit froidement : dans les deux cas, on fait preuve de vertu.

Le soufflet qui blesse la joue est regardé comme le plus sanglant affront que l'homme puisse recevoir ; on ne le pardonne pas ordinairement, on le lave. Et Dieu sait quel abus on fait de cette idée !

Tout mortifiant qu'est cet outrage, il n'est pas plus cruel que certains coups portés au cœur. Combien de peines secrètes nous sont plus pénibles qu'une injure publique ! Parfois, c'est la trahison d'un ami cher entre tous ; ou bien, c'est l'ingratitude d'un être chéri, en qui on avait fondé de grandes espérances ; ou bien encore, une déception profonde : autant de peines qui blessent vivement notre âme.

« Le meilleur et le plus parfait des hommes, dit Pline le Jeune, c'est celui qui pardonne aux autres, comme s'il commettait continuellement des fautes, et qui les évite, comme s'il ne pardonnait à personne. » L'oubli des injures est la marque indéniable d'un cœur magnanime.

Le souvenir d'un bienfait ne montre pas moins de grandeur d'âme. C'est pourtant une dette sacrée que la reconnaissance ; mais on a tant dit qu'elle est rare, que nous ne pouvons pas taire notre estime envers ceux qui pratiquent cette vertu.

S'il est généreux d'oublier le mal qu'on nous a fait, il est délicat de garder le souvenir des bontés d'autrui. Je ne sais plus qui a dit que « la reconnaissance meurt au bienfait reçu. » C'est peut-être faire trop bon marché de cette vertu. On rencontre encore heureusement des cœurs sensibles qui se souviennent. Si la généralité oublie, l'élite n'oublie pas.

Mme Necker de Saussure disait qu'un bienfait est la plus sacrée de toutes les dettes. » Quand on est délicat, on n'emprunte qu'avec l'intention de rendre ; autrement on ne pourrait qualifier l'acte que d'un mot injurieux. Eh bien, quand on sollicite une faveur, on ne devrait l'accepter qu'avec l'intention de le reconnaître.

Mais voilà, le besoin du moment fait oublier la gravité de l'engagement de l'avenir. On est si heureux de recevoir, qu'on ne réfléchit pas à la dette sacrée qu'on vient de contracter : les grands cœurs seuls s'en souviennent.

XVIII

Dieu pour l'homme indulgent
ne sera pas sévère [1].

L'indulgence est la vertu des bons et des justes : vertu qui doit le plus toucher Dieu, car elle rapproche l'homme de Lui. C'est pourquoi, selon la pensée du poète, il ne sera pas sévère pour l'homme miséricordieux.

L'homme bon et juste pardonne volontiers ; il sait combien il est facile de s'oublier. Pourquoi serait-il plus sévère pour les autres que pour lui-même, lui si fragile ? « Pour être assez bon, il faut l'être trop », a dit Marivaux. On ne saurait jeter la première pierre à l'offenseur, sans craindre qu'elle ne nous revienne aussitôt. Il suffit de considérer l'humanité, avec tous les travers auxquels elle est susceptible de se laisser aller. Nous trouverons, si nous sommes francs, que nous ne valons pas mieux que les autres ; et si nous sommes bons, nous tendrons aisément la main à qui nous a peinés : cet élan de nous-mêmes vers lui, nous gagnera son cœur.

En bonne justice, nous n'aurons rempli que notre devoir strict, car, selon M. Rozan, « l'indulgence réciproque est le seul genre de justice qui soit en notre pouvoir. » Aussi bien, attendons-nous à être

1. Victor Hugo.

mesurés avec la même mesure dont nous nous serons servis pour tous. Etre indulgent et bon, c'est encore travailler pour soi, et gagner en même temps la sympathie d'autrui ; assurément, c'est bien ce qu'il y a de meilleur en ce monde.

D'ailleurs, pour peu qu'on veuille bien s'en rendre compte, on ne tardera pas à voir que la rigueur amène la haine, aigrit les cœurs, cause les discordes au foyer de la famille, comme dans la société. Nous sommes solidaires les uns des autres, en famille aussi bien que dans le monde ; par conséquent, nous sommes tenus de nous aider mutuellement, de nous secourir au besoin, de nous accorder réciproquement indulgence et pardon, au lieu de nous irriter, même avec quelque raison.

N'est-ce pas l'indulgente bonté qui entretient les ralations amicales entre tous ? La vie en commun n'est possible que si nous fermons les yeux sur les faiblesses de chacun, ou si nous sommes toujours prêts à les reprendre avec bonté. Vous voulez bien qu'on oublie vos boutades, vos saillies mordantes, quand vous vous laissez emporter par votre humeur ? Dès lors, soyez le premier à ne pas relever celles des autres. Et, s'il y a nécessité, faites-le gracieusement, simplement ; sans quoi on ne comprendrait pas une générosité de sentiments qui se fait valoir.

L'indulgence est au cœur ce que le jugement est à l'esprit : la première affirme la bonté, le second affirme l'équilibre.

XIX

Il ne faut jamais dépendre de la sagesse d'autrui [1].

S'habituer de bonne heure à se gouverner, à voir clair dans ses affaires, pour les conduire ou les débrouiller soi-même, est prudent et sage. « Celui qui se fie au dîner des autres, dit un vieux proverbe, risque de dîner tard. » Quiconque s'appuie sur autrui pour faire sa besogne, risque fort de ne la point voir, ni bien conduite, ni menée à bonne fin. Il n'est rien tel que l'œil du maître et l'adresse de ses bras. Nul ne voit mieux que lui ses affaires, et ne les dirige plus efficacement. En effet, neuf fois sur dix, si vous avez chargé quelqu'un de la direction d'un travail quel qu'il soit, vous aurez à y revenir. Il peut arriver que les autres n'aient pas pu mieux faire ; qu'ils y aient apporté toute la bonne volonté possible ; n'importe, s'il n'y pas eu la réussite espérée, vous resterez convaincu qu'en agissant vous-même, vous auriez mieux opéré que tous.

Vérité incontestable, dont voici la raison. Quand notre intérêt n'est pas en jeu, ou notre responsabilité pas trop engagée, est-ce que nous ne nous en

1. A. Thiers.

tirons pas très légèrement en disant : « C'est impossible ! » Reste à savoir si, nos intérêts devant être atteints, nous n'y regarderions pas à deux fois, avant de quitter la partie.

Ce n'est pas seulement dans les affaires matérielles que la maxime est bonne à méditer ; l'esprit a besoin de peser et de juger, comme le cœur a besoin d'être dirigé. En ce travail délicat, qui ressort autant de la culture intellectuelle que de la morale, prenons d'abord conseil de nous-mêmes. Jugeons dans le secret de nos pensées, et d'après le guide discret de notre conscience, la marche à suivre. Quand nous nous serons fait une opinion personnelle, il nous sera loisible de soumettre nos incertitudes à des personnes sérieuses, capables de nous donner de bons conseils. Nous serons armés pour débattre notre cause, si nous l'avons bien étudiée d'avance ; et, tout en goûtant leurs avis et en les suivant, s'il y a urgence, nous serons du moins instruits de ce qu'il nous reste à faire.

Soyons sûrs aussi que, si nous avons pris à cœur nos intérêts, ceux que nous aurons consultés apporteront d'autant plus de sérieux dans leurs conseils, qu'ils nous auront mieux vus préparés. Plus nous emploierons de cœur et d'intelligence à la conduite de nos affaires, plus ils y mettront de volonté. Comptons d'abord sur notre sagesse avant de nous en rapporter à celle d'autrui, et nous serons presque certains de ne pas faire fausse route.

XX

Sachez bien de l'ami discerner le flatteur.

L'ami vrai est un autre nous-même. Il nous aime, il nous estime, car il n'y a pas d'amitié véritable sans estime réciproque. Il nous voudrait, enfin, heureux et parfait. Notre bonheur n'est-il pas le sien propre ? Il souffre de nos fautes, comme si elles lui étaient personnelles ; aussi, quoi qu'il lui en coûte, il nous les montre, ou nous prévient.

Nous connaîtrons, et nous apprécierons d'autant mieux le caractère de l'ami, que nous sentirons en nous-même le désir d'agir comme lui, si nous étions à sa place. Le cœur n'hésite pas, quand il s'agit de celui qu'il aime. Aussi, avec quelle délicate douceur il prévient son ami ! On dirait qu'il voudrait retenir d'une main ce qu'il croit devoir lancer de l'autre.

Cueillons en passant ce mot de Vauvenargues : « Peu de gens ont assez de fonds pour souffrir la vérité et pour la dire. »

C'est avouer que l'amitié vraie est rare. On la reconnaît à une sincérité réciproque, à la joie, sans mélange d'envie, à la vue du bonheur de notre ami ou de ses succès. Nos jours heureux sont les siens comme nos jours de souffrances ; relation exquise des âmes d'élite. L'ami n'est si plein d'élan à partager nos joies, que parce qu'il sait qu'on nos peines il en sera de même.

Bien différent est le flatteur. Il est plein d'adresse pour nous encenser : « nos défauts ne sont que peccadilles, communs à bien d'autres. Si nous n'avons pas réussi, assurément c'est un malentendu, ou le fait d'une machination odieuse. Nous n'avons jamais tort, et nous devrions, avec nos dons naturels, réussir en tout. » Rien n'est mieux fait pour flatter notre amour-propre; car nous ne demandons pas mieux qu'on reconnaisse nos mérites. Est-ce qu'il ne nous arrive pas de penser qu'ils ne sont pas toujours appréciés? Prenons garde! L'encens qu'on nous jette si adroitement nous flatte, il est vrai; mais nous ne tarderons pas à être désillusionnés. Il suffit qu'une catastrophe survienne. Le flatteur, après nous avoir humiliés de son ironique dédain, disparaît; tandis que l'ami vient spontanément à nous, en nous offrant délicatement son appui et ses consolations.

Les rôles seront changés. Notre ami relèvera notre courage. Lui, qui s'était tu pendant notre prospérité, jouissant discrètement de nos joies, choisit ce moment pour nous élever à nos propres yeux; et s'il ne peut empêcher le malheur, il amène avec lui la résignation et le calme. Quant au flatteur, il dit assez haut, pour que chacun puisse l'entendre, « que nous l'avons bien mérité. » En cela il se révèle.

XXI

L'Eglantier.

Ces gens ne sont pas très polis ;
J'offre des fleurs du plus beau coloris,
Mon odeur embaume à la ronde,
Et l'on m'évite. — Ami, tes bouquets sont jolis,
Mais tu déchires tout le monde.

Bien des gens pourraient être comparés à l'églantier. Aimables, prévenants, aimant même à offrir de petits cadeaux, ils plaisent par le charme de leurs bonnes manières, lesquelles dénotent, ou une éducation soignée, ou un bon cœur. Ils se feraient adorer, s'ils étaient moins piquants ; on recherche le commerce de leur amitié, tout d'abord ; puis, peu à peu, on s'éloigne, craignant les pointes acérées de leur langue, trop souvent malicieuse. Plutôt que de se priver de lancer un bon mot, une épigramme blessante, ils sacrifieraient connaissances et amis. « En voyant leur joie à déprécier les autres, on serait tenté de croire qu'ils engraissent leurs vertus de nos vices [1]. » Ils résistent rarement à l'attrait de montrer leur finesse,

1. Petit-Senn.

dût-elle entrer dans le cœur ainsi qu'une flèche aiguë.

Tout pleins d'eux-mêmes, ils ne pensent guère au mal qu'ils peuvent faire ; ils ont satisfait un moment leur vanité, cela leur suffit ; ils ne s'inquiètent plus des conséquences.

Ils s'étonnent ensuite que chacun les fuie. « On ne peut satisfaire son mauvais caractère qu'aux dépens de son bonheur », disait Mme Necker de Saussure. On craint toujours, non sans raison, les gens à l'esprit railleur ou simplement prime-sautier : le bon esprit se laisse conduire par le jugement, le bel esprit par la vanité, et cette dernière est trop souvent cruelle.

« Briller, c'est avoir de l'esprit pour soi », a dit M. Rozan ; « comprendre, discerner, c'est avoir de l'esprit pour les autres. L'auxiliaire de ce dernier, c'est le tact, ce toucher de l'intelligence. »

La bonté, la bienveillance, et simplement un peu de bon sens, réprouvent tout ce qui serait de nature à faire souffrir quelqu'un. Les larmes touchent, la souffrance éveille la sympathie ou la pitié dans une belle âme ; dès lors, nulle question d'amour-propre ne serait capable de modifier ses sentiments intimes. Au contraire, les railleurs, ou diseurs de bons mots, remplacent souvent la tendresse, si naturelle à l'homme, par l'ironie ou la sécheresse du cœur. Pour eux la noblesse des mouvements de l'âme n'est qu'un mot vide de sens.

XXII

Dans la vieillesse de vos parents, souvenez-vous de votre enfance.

Vient un moment où les parents ne peuvent plus se servir eux-mêmes, ou subvenir à leur existence, si la fortune leur a été contraire. Le devoir des enfants, alors, est tout indiqué : rendre en amour, en soins et en respect, ce qu'ils ont reçu avec tant de dévouement et d'abnégation.

En jetant un regard en arrière, ils verront la tendre sollicitude de la mère ; ses angoisses et ses veilles pendant une maladie qui affligea leur enfance. Ils verront aussi les préoccupations du père, pour arriver à fournir le nécessaire à sa famille ; ses soucis et ses inquiétudes, si une entreprise, sur la réussite de laquelle il comptait pour assurer l'aisance à la maison, menaçait de sombrer.

Ne seront-ils pas émus, aussi, par ces souvenirs d'enfance si doux, si riants, grâce à l'ingénieuse tendresse du père et de la mère ? Là, ce sont les souhaits de fête, où chacun croyait si bien surprendre l'autre, se faisait illusion, et recevait ou offrait dons et vœux, les yeux mouillés de larmes. Ici, le jour de l'an et ses cadeaux. Ou bien le joyeux retour à la maison, après une journée de distribu-

tion de prix, surtout si les enfants avaient séjourné
une partie de l'année en pension. Comme on fêtait
les vainqueurs avec enthousiasme ! Même les pauvres déshérités avaient leur tour. La mère, ouvrant
ses bras, disait avec une tendresse marquant l'intensité de son désir : « La prochaine fois tu seras
plus heureux, j'en suis sûre. » Le père ne démentait
pas la mère, tout en se tenant un peu sur la réserve,
afin de ne pas déchoir dans son autorité. « Oui,
ajoutait-il, en tapant familièrement sur l'épaule du
petit malheureux, cela viendra, il le faut. » La différence d'amour n'est que dans la nuance, croyez-le !

L'enfant qui a du cœur ne peut rester insensible
à ces souvenirs d'autrefois ; n'est-ce pas le cœur
qui donne la faculté de sentir? Or, quand il s'agit
de ces chers êtres, sur lesquels on s'est appuyé avec
tant de confiance et d'abandon, comme il parle
haut et plus délicieusement que pour tous ! On est
si malheureux de penser que la mort peut nous les
ravir, qu'il est difficile de croire à l'indifférence de
certains enfants !

Une excellente mère de famille disait en se voyant
vieillir : « J'aimerais mieux mourir que de rester à
charge à mon enfant. — Mère, répondit vivement
sa fille, si vous mouriez, vous me priveriez du seul
moyen que j'aie de vous prouver mon amour. » La
fille avait raison ; on n'affirme vraiment son amour
qu'en donnant de soi-même.

XXIII

Celui qui se fait ver n'a pas le droit de se plaindre d'être écrasé.

« Toujours plus oultre », telle était la devise de Charles-Quint. « Toujours plus haut », telle devrait être la nôtre. C'est une ambition bien légitime de chercher à devenir parfait; nul ne s'en plaindra. Agrandir ses pensées pour former son esprit; diriger les aspirations de son cœur vers le bien et le beau, est le travail le plus précieux et le plus délicat qu'il soit donné à l'homme d'accomplir. Ce travail de perfectionnement moral et intellectuel le rend supérieur aux autres êtres. S'il ne répond pas aux aspirations que Dieu a données à chacun de nous pour le bien, il se dégrade et s'avilit nécessairement.

Il est curieux de rencontrer de ces gens qui, n'ayant jamais eu le courage de résister aux entraînements de leurs passions, se plaignent d'être placés bas, et ne se font pas faute de rejeter sur le mauvais vouloir d'autrui, le peu de cas qu'on fait d'eux dans la société. Tandis que la faute n'en est imputable qu'à eux-mêmes, ils vont jusqu'à les rendre responsables de la fausse position qui leur est faite.

Ils sont tout aussi injustes, envers la société, qu'ils ont été légers et peu clairvoyants sur leur avenir.

Ayant la plupart du temps rejeté avec insouciance les avertissements de leurs amis ou de leurs maîtres, n'ayant pas su profiter non plus des leçons de l'expérience, ils attribuent à la jalousie, ou à la malveillance, ce qui n'est que la conséquence de leur paresse ou de leur nullité.

Ils n'ont pas su se faire un rang honorable dans la société ; et c'est la société qu'ils rendent responsable de la médiocrité dans laquelle ils végètent.

En regardant bien dans la vie des déclassés, à part quelques exceptions, nous trouverons toujours que la cause de leur triste position vient absolument d'eux. Ils n'ont pas su voir, ou ils n'ont pas voulu voir : c'est leur aveuglement qui les a perdus. Dès lors, puisqu'ils se sont faits vers, comme dit la maxime, qu'ils ne se plaignent pas, s'ils sont écrasés du mépris ou du dédain des autres !

Pour nous, souhaitons qu'ils fassent de généreux efforts pour sortir de la voie fausse dans laquelle ils sont entrés. S'ils ont besoin qu'on leur tende la main pour cela, faisons-le avec élan. Dieu, dont la miséricorde est infinie, nous en tiendra compte. Rien ne lui agrée plus dans l'homme, que son amour de l'humanité.

XXIV

Efforcez-vous d'être content de vous-même ; vous vous plaindrez moins des autres.

N'avez-vous pas senti, un jour de satisfaction intime, parce que vous aviez accompli votre devoir en tout, le désir de vous épancher, de vous communiquer ? Ce trop plein de votre âme, vous auriez voulu le faire déborder dans le cœur de vos amis. Le bonjour à vos parents a été plus ému et plus tendre, la poignée de main à vos connaissances, plus chaleureuse, et le sourire adressé à tous, plus épanoui.

Or, cet état de joie intime, auquel nous voudrions associer ceux qui nous sont chers, est presque toujours le résultat d'une bonne conscience. Le bonheur n'est pur de tout mélange que s'il s'appuie sur la satisfaction secrète de l'âme. Dans ces moments d'exquise félicité, on aime vraiment : le cœur, plein d'enthousiasme, ne recule devant rien pour agir : c'est alors qu'on pourrait nous appliquer les paroles de l'*Imitation* : « Celui qui aime, court, vole, va, vient ; nul obstacle ne l'arrête, il est plus fort que tout. »

« Aimer, a dit Leibnitz, c'est se délecter de la félicité d'autrui. » Mais, pour goûter ces délices du pur amour, il est essentiel qu'on soit satisfait au fond du cœur. Plus notre élévation morale est grande, plus nous nous sentons indulgents pour les autres, et mieux nous sommes portés à oublier leurs travers, et à pardonner les fautes qu'ils peuvent avoir à se reprocher envers nous.

Dieu a donné à l'homme l'aspiration au bien ; il la sent délectable quand il y a répondu ; il est morose et triste quand il y résiste.

L'action et la lutte trempent les caractères ; l'inertie et la mollesse les énervent. Si le premier état a une heureuse influence sur nous, le second, en persistant, rend l'homme mauvais, capable de faire souffrir ceux qui l'approchent.

De notre intelligence, et de la force de notre âme, dépend le choix que nous en ferons. Créés libres d'agir, nous sommes responsables de nos actes ; c'est à nous de ne pas hésiter. La famille, la patrie, la vie sociale, nous sollicitent à l'action ; si ce triple but n'est pas suffisant à remplir les aspirations de notre âme, nous avons les sciences, les arts et la foi.

La vie est large et belle pour quiconque veut en comprendre le but. Quoi de plus doux que les jouissances du foyer domestique ! Quoi de plus sacré et de plus enivrant que l'amour de son pays, ou de plus attachant que le succès pour le travailleur, le chercheur !

Quant à l'homme, avide d'émotions pures, les espérances de la vie d'au delà, en lui ouvrant des horizons mystérieux, lui aident à accepter plus généreusement les déceptions de la vie d'ici-bas.

XXV

La santé, la vigueur de l'esprit, la paix du cœur, sont le prix du travail.

Si l'on nous proposait, d'acquérir un trésor dont la possession fît notre bonheur, nous nous empresserions de recourir aux moyens nécessaires pour le gagner.

Un trésor, plus estimable et plus précieux que tout l'or du monde, nous est garanti par le travail : la santé, la vigueur de l'esprit et la paix du cœur.

Le travail est à la portée de tous ; et tous, nous devons nous soumettre à sa loi, quelque rude qu'elle puisse nous paraître. L'habitude, sorte d'activité de l'esprit, nous secondera avec efficacité ; pénible d'abord, il deviendra par la suite indispensable.

Le tout est de vouloir.

« Nous sommes toujours aussi forts, contre nous-mêmes et contre les autres, que nous voulons l'être », a dit judicieusement Mme de Lambert. » En effet, quelle force l'homme trouve en soi, lorsqu'il le veut bien ! Surtout, s'il arrive à diriger sa volonté, à la fortifier pour surmonter ses irrésolutions. Rien n'est plus nuisible à la formation du caractère que les indécisions d'un esprit faible. Tandis que ses idées flottent au vent, il s'énerve et perd toute sa force morale. Au contraire, si l'homme s'accoutume à prendre une décision promptement, d'un esprit alerte et réfléchi, il met de l'action dans tout ce qu'il entreprend. Ferme et résolu, il ne recule ni regarde en arrière : c'est alors que le travail s'accomplit vite et bien, au bénéfice de sa vitalité morale. Aussi n'aura-t-il jamais, ou rarement, à regretter ses résolutions prises virilement, s'il les a soumises à la raison, à la justice et au droit.

En ordonnant son travail, en le réglant d'après ses aptitudes et ses forces, l'homme y trouvera la santé : bien équilibré, le travail fortifie le corps ou détend les muscles, assouplit nos organes, et communique à nos sens une adresse merveilleuse. Triple bienfait qui n'est pas à dédaigner. Il y rencontrera aussi la vigueur de l'esprit : l'habitude de juger, d'apprécier et d'observer, le forme et l'élève. N'est-ce pas quand il est aux prises avec les difficultés, que l'effort soutient sa pensée, la nourrit et l'agrandit selon les besoins de sa tâche ?

Enfin, il est la condition essentielle de la paix du cœur : le travail étant le plus sûr des dérivatifs contre les mauvais instincts de l'humanité.

Inutile d'insister sur les avantages du travail. Tout âge serait à charge à lui même, s'il en méconnaissait les bienfaits. Le travail console, fortifie et élève.

XXVI

Quand le temps paraît court, c'est que la vie est bonne.

Savoir bien employer son temps, est une condition de bonheur. La vie, pour celui-là, passe rapide et souvent riante. Les joies sont pures et vives, les consolations plus douces aux chagrins de celui dont les heures sont fructueusement employées par un travail bien ordonné.

Une vie réglée offre une source, sans cesse renaissante, de distractions utiles à l'esprit et au cœur. L'esprit y gagne de l'élévation, de la force et du développement ; le cœur y trouve sûrement un apaisement aux émotions trop vives, ou un remède à ses souffrances aiguës ou lentes.

En vérité, nul ne peut nier qu'il n'ait senti ses peines moins amères dans la recherche d'une idée ou la solution d'un problème ; qu'il n'ait pas éprouvé un soulagement véritable à ses chagrins, ou senti le sourire renaître sur ses lèvres attristées, au moment de mener un travail à bonne fin. Alors que tout semblait morne et triste à son âme abattue, la réussite a suffi pour amener une douce joie en son cœur, et un peu d'espérance en l'avenir.

Donc, il est absolument vrai qu'une vie bien employée est le seul adoucissement qu'on puisse offrir à l'homme malheureux. C'est bien la plus efficace des consolations.

Le travail n'en est pas le seul charme; elle est féconde aussi en bonnes œuvres. Le cœur, s'il le veut, satisfera ses aspirations au bien en participant aux sociétés de bienfaisance, en tous genres. Ce n'est pas le terrain qui manque; les ouvriers feraient plutôt défaut.

L'important est de ne pas rester insouciant, en regard des devoirs qu'une vie utile nous impose. Outre la joie intérieure qu'elle nous procure, nous aurons celle d'avoir fait un peu de bien autour de nous, ainsi que la satisfaction d'avoir placé à gros intérêts ce double travail matériel et moral, tant par l'aisance que le premier nous aura fournie, que par la consolation que le second nous aura donnée à l'heure suprême.

« A la mort, dit sainte Thérèse, il ne reste que ce que l'on a donné. » A ce moment solennel, qui nous ouvre les portes de l'éternel mystère de la vie future, tout nous échappe; nous n'avons à nous que le souvenir. Heureux serons-nous, s'il nous console et nous fortifie ! On a dit de la mort du juste : C'est le soir d'un beau jour. Le travail et les bonnes œuvres en sont les plus sûrs garants. Le premier conduit aux autres, car le travail, dans sa signification précise, comprend aussi le travail moral et le travail intellectuel; c'est-à-dire l'œuvre par excellence de la dignité de l'homme : la conduite de son cœur et de son esprit.

XXVII

Ce qui passe le plus vite ce n'est pas le vent, la foudre et l'éclair : ce sont les jours heureux.

Qui passe plus rapidement que le vent, la foudre et les éclairs ? Les jours heureux, nous dit-on. On assure aussi qu'ils sont rares. Est-ce bien toujours justifié ?

Double question sur laquelle il est bon de réfléchir. Si les jours heureux passent vite, n'est-ce pas plutôt parce que nous passons à côté sans en jouir, et que nous ne savons pas retenir à nous les heures de joie que le ciel nous envoie ? S'ils sont rares, est-ce que par légèreté, ou insouciance, nous ne les aurions pas laissé échapper, sans en apprécier la valeur ?

Le bonheur est au cœur même de l'homme; tout dépend de la manière dont il saisit les choses et sait prendre les événements de la vie. Combien de tristesses amères, ou de déceptions accablantes, ne nous sommes-nous pas attirées, faute d'avoir su prendre l'heure favorable? N'ayant pas su exploiter le bon moment, nous aimons mieux dire : Nous n'avons pas de chance; ou bien : Le bonheur n'est qu'un vain mot; tandis que souvent il est sous notre main, là où se trouve le devoir, dans la vie tranquille où la Providence nous a placés.

Ainsi, les enfants trouvent le bonheur, en accomplissant les devoirs tracés par leurs parents ou leurs maîtres.

La mère jouira délicieusement de son amour maternel, en s'occupant de l'éducation de ses enfants. Elle y rencontrera, il est vrai, des luttes, des résistances, des inquiétudes même, mais ces angoisses maternelles lui feront trouver plus pures les joies de la réussite.

Le père, au milieu des soucis de la vie du dehors, peut goûter un bonheur délicieux, en rentrant au foyer, s'il y trouve l'ordre et la paix assurés par les soins intelligents et dévoués d'une compagne sérieuse. Ou bien encore, si la mère peut lui montrer le résultat heureux de sa tâche laborieuse, soit qu'elle ait à enregistrer un succès de son fils, soit qu'elle puisse prouver, par un exemple, que sa fille est en train de marcher sur les traces de sa mère.

Le bonheur était dans la famille, ils ont su le comprendre et en jouir. Il en est de même dans une foule d'autres circonstances; le tout est de voir où il est. Quant aux joies que procurent les plaisirs mondains, ce ne sont que fleurs éphémères, effeuillées aussitôt qu'épanouies.

Mais écoutons ceci :

« De leur meilleur côté sachons prendre les choses ;
« Vous vous plaignez de voir les rosiers épineux,
« Moi je me réjouis et rends grâces aux cieux
 « Que les épines aient des roses [1]. »

[1]. Alp. Karr.

XXVIII

C'est un grand signe de médiocrité de louer toujours modérément[1].

Sentir vivement, apprécier les choses à leur prix, les voir judicieusement, et le montrer en toute sincérité, prouve un esprit supérieur qui n'est pas sans valeur. Souvent on ne sent pas la beauté ni le prix des choses, faute de savoir observer. Celui que rien n'intéresse, qui passe indifférent, qui ne sait rien voir, est, ou un paresseux, ou un ignorant. Il n'ose s'avancer dans la crainte de dire une sottise. Quand il est forcé de donner son opinion, il se contente de louer modérément, au risque même de compromettre son jugement. Ne sachant rien ou si peu, il se tient dans une prudente réserve. C'est raisonnable, sans doute, mais cette réserve indique, la plupart du temps, un esprit borné.

Si c'est un signe de médiocrité de n'avoir point une opinion à soi, c'est prouver une grande faiblesse que de n'avoir pas un mot pour louer, par envie, une belle action, ou une bonne œuvre. On montre un caractère bas et jaloux, en même temps qu'on laisse deviner une parfaite incapacité; car on loue volontiers dans les autres ce que l'on pourrait faire soi-même.

Comme on estime, je dirai plus, comme on

1. Vauvenargues.

admire le jeune homme louant, avec tout l'enthousiasme de la jeunesse, son camarade qui vient de
réussir, lors même qu'il est son compétiteur ! On
dira : Mais c'est justice ; mais c'est le devoir. Eh !
certainement, c'est tout cela ! Est-ce que, dans une
foule de cas, on ne prouve pas un certain courage
pour remplir ce qu'on nomme son devoir ? Une
âme généreuse ne s'arrête pas aux faiblesses du
cœur humain. Quoi qu'il en coûte à son amour-
propre de sentir son infériorité, elle loue, elle
s'exalte, dans son appréciation du bon, du beau et
du vrai. Elle ne craint pas de reconnaître la valeur
des autres, pas plus qu'elle ne mesure avec parci-
monie son admiration, quand elle la sait méritée.

Mais si l'homme supérieur adresse ses éloges
spontanément et avec élan au mérite vrai, il n'en
abuse point. Il n'éparpille ni à gauche ni à droite
sa louange ; il la réserve pour les occasions sérieuses, sachant bien que, si de louer modérément
prouve peu d'esprit, être prodigue de son éloge
n'en montre guère non plus.

En toute chose, il faut un juste milieu. Quand il
s'agit de son appréciation, l'esprit pondéré va avec
poids et mesure, marche qui n'exclut pas l'enthousiasme ; le mérite vrai n'est-il pas toujours prêt à
le provoquer chez l'homme capable ? L'important
est d'apporter une certaine retenue, ou de garder
une juste mesure, sans omettre, pourtant, de jeter
le cri d'admiration au besoin.

XXIX

Le peuple qui a les meilleures écoles est le premier entre tous les peuples : s'il ne l'est pas aujourd'hui, il le sera demain.

Les meilleures écoles ne sont pas toujours celles où on enseigne le plus de choses, mais celles où l'on prépare le mieux les intelligences à pénétrer le pourquoi de ces choses, et à saisir les mystères de la science. Enfin, ce sont celles où l'éducation est basée sur la morale pure et élevée du christianisme, et sur le vrai patriotisme.

On les reconnaîtra aux signes suivants :

Aux études sérieuses, a-t-on joint l'enseignement des vertus civiques pratiquées par nos aïeux, qui furent la gloire de notre beau et généreux pays de France ? A-t-on insisté auprès des jeunes gens pour leur prouver que ces ancêtres-là, dont nous nous enorgueillissons à bon droit, ont eu le respect des lois et le respect d'eux-mêmes, le respect de la famille et du nom de Dieu, plaçant l'honneur au-dessus de tout ? En un mot, a-t-on cherché par tous les moyens possibles à leur donner le goût du bien, pour les former aux luttes de la vie, et leur inspirer le désir ardent de la rendre utile et féconde, en même temps que l'enthousiasme des belles et nobles actions, pour qu'ils puissent comprendre que l'amour de la patrie est le plus sacré de tous les amours ?

Si oui, l'école aura donné ce que le pays attendait d'elle : des hommes capables de lui faire honneur.

Une nation peut, dans ce cas, s'enorgueillir de ses écoles, centre important où se forment les générations de l'avenir ; où, selon la valeur de son éducation, on trouvera le point de départ de la grandeur et de l'élévation d'un peuple. S'il n'a pas atteint encore son complet développement, s'il n'est pas à son apogée aujourd'hui, il y sera demain.

Le peuple est une puissance avec laquelle il faut compter : puissance terrible et dangereuse quand la masse n'a pas été soumise aux influences morales et intellectuelles d'une bonne direction ; mais puissance aussi redoutable que bienfaisante, si la généralité sait profiter de l'élan donné en ce moment, partout, pour mener à bien son éducation en tous genres.

En résumé, n'oublions pas que, si les générations de l'avenir seront plus instruites et mieux civilisées, elles ne seront fortes pour accomplir les actions, qu'on est en droit d'attendre des grandes races, que si leur éducation a été à la fois virile, morale et religieuse.

Ne séparons point ces trois mots dans l'éducation de l'homme, nous affaiblirions ses facultés. La religion engendre la morale, et la morale fait la force de l'humanité.

XXX

**Que ne fait-on passer avec un peu d'encens !
Défiez-vous du flatteur : tel qui loue trop facilement, griffe souvent cruellement.**

S'il est une faiblesse commune à l'humanité,
assurément c'est celle d'aimer à être flatté. L'homme
réfléchi se méfie d'une flatterie maladroite ; mais si
le coup d'encensoir est lancé habilement, il ne s'en
aperçoit pas toujours, et il le reçoit comme une
chose due à son mérite. Souvent la vérité, subtile
à démêler du faux, nous dérobe les filets de l'adroit
flatteur.

Une femme d'esprit disait à quelqu'un, ayant
l'habitude de louer à tout propos : « Prenez garde !
J'ai la faiblesse de croire tout ce qu'on me dit ; ne
craignez-vous pas que je m'attribue tous les mérites
dont vous m'honorez ? » L'autre comprit la leçon,
et jamais plus ne s'avisa de lui servir ses plates
flatteries.

On ne se défie pas assez du flatteur. Nul n'est
plus nuisible, pourtant. Combien sont profonds les
coups de griffe lancés sous les caresses doucereuses
dont il est si prodigue ! Malheureusement, on ne
s'en aperçoit qu'après la blessure ; il faut avoir été
atteint pour devenir prudent.

L'honnête homme est crédule. Il est curieux de constater combien l'homme franc et loyal est naïf. S'il ne croit pas tout ce qu'on lui dit de flatteur, il est persuadé que les autres en sont convaincus, les jugeant, d'après lui-même, incapables de parler contre leurs pensées.

M. Rozan va plus loin; il assure que « si basse, si stupide que soit la flatterie, elle réussit presque toujours. » Tant il est vrai qu'un habile flatteur est assez semblable au filou : celui-ci vole la bourse ; celui-là exploite la confiance de quiconque l'écoute.

On dit que les femmes, même les moins intelligentes, excellent dans ces sortes d'entreprises. Peut-être n'est-ce qu'une des conséquences de son infériorité physique ; en tous cas, c'en est une à cause de sa position dans la société : le désir de plaire, la privation de certains droits que nos lois ne lui ont pas octroyés, peuvent la rendre insinuante et l'engager à regagner en grâce, en amabilité un peu outrée, ce quelle perd en forces et en droits.

Sans lui donner raison des armes dont elle se sert pour arriver à ses fins, « ruse et flatterie », elle est excusable souvent, car il est notoire que si elle rencontre à son foyer les égards qui lui sont dus, on la trouvera franche, loyale, vertus auxquelles elle joindra les trésors d'un cœur fait pour aimer.

XXXI

Quand il neige aux montagnes,
il fait froid aux vallées.

Dans la famille, si le père et la mère sont éprouvés par quelque malheur, ou s'ils sont malades, les enfants s'en ressentent. Tous les membres en souffrent. Il en est de même dans un pays ; lorsque les chefs sont atteints, ou simplement divisés, tous les compatriotes subissent les conséquences de ces calamités qui, dans ce cas, deviennent publiques.

C'est le moment de montrer l'esprit de solidarité qui doit nous unir les uns aux autres : les enfants ne se livreront pas à la joie tandis que leurs parents souffrent ; les compatriotes n'oublieront pas dans une indifférence coupable leurs devoirs communs. Tous uniront leur courage, leur intelligence et leurs efforts pour conjurer, s'il y a lieu, les mauvais jours, ou chercher à en atténuer l'amertume. Les liens qui resserrent les membres de la grande famille humaine sont indissolubles et sacrés, comme sont inoubliables les devoirs que nous nous devons réciproquement. Honte aux égoïstes et aux insouciants qui se désintéresseraient de tout, de parti pris, afin de ne point prêter leur concours ou leur appui. Honneur, au contraire, aux hommes d'action, qui puiseront dans leur patriotisme l'esprit de fraternité et de sacrifice.

« L'union fait la force. » Le sentiment d'amour filial et d'amour patriotique en sera le lien fort et durable ; c'est à chacun de nous de pénétrer nos cœurs de ce sentiment, par un effort de volonté et de raison, sentiment vivifiant et sacré que la mort seule serait capable de détruire. Avec l'amour de la famille, l'amour de la patrie ne tient-il pas notre âme tout entière ? N'est-il pas délicat et pur le sentiment qui nous attache à la maison paternelle, au jardin qui l'entoure, au ruisseau qui l'arrose ? objets nous rappelant sans cesse tant d'êtres aimés ! Tout prend vie pour nous parler au cœur : la maison, témoin de souvenirs doux ou graves de notre enfance ; le jardin, dont chaque coin en fut le confident discret ; jusqu'au ruisseau, dont l'eau limpide et pure a vu nos ébats insouciants et joyeux. Là, tout y est souvenirs, car tout y fut espérances.

Il en est de même de la famille. Elle sent vivement nos plus légères aspirations, de même que nos souffrances physiques et morales. Elle vit, avec chacun de nous, si grandement par le cœur, que quand l'un de ses membres souffre, pleure, tous sont affligés. Au contraire, s'il est honoré, glorifié, ils jouissent sincèrement du bonheur qui l'atteint. Je ne sais rien de plus admirable que cette union des âmes et des cœurs, de plus communicatif et de plus délicieux. Dans une famille unie, on ne connaît ni l'envie, ni la jalousie : chacun jouit comme chacun souffre, selon les circonstances.

XXXII

**Les querelles ne dureraient pas longtemps,
si les torts n'étaient que d'un côté.**

Il faut avoir un bon esprit, ou un caractère pacifique, pour reconnaître aisément ses torts. Nulle n'est plus d'un agréable commerce, que la personne qui avoue spontanément qu'elle s'est trompée. Dès lors, on oublie vite ses erreurs, s'il y en a eu, pour ne se souvenir que de son aimable naturel.

On l'aime, on se sent attiré vers elle de tout cœur. Si son exemple nous invite à l'imiter, ce qui est assez ordinaire, car rien ne nous plaît mieux qu'un aveu loyal et franc, les querelles n'auront pas raison d'être. Même, si la leçon qu'elle nous donne n'est pas suggestive, la paix sera vite faite, le tort n'étant que d'un seul côté.

Malheureusement, il n'en est pas toujours ainsi. Il est fâcheux de constater, la plupart du temps, que, seul, un sot orgueil nous clôt la bouche réciproquement. Personne ne veut s'être trompé; de là des discussions, des brouilles, suivies parfois de paroles imprudentes, nuisibles au bon accord, et plus encore à la réconciliation réciproque. Il en résulte des inimitiés pénibles, des haines dangereuses; qui, lors même qu'on en arriverait à se remettre en relations, laissent un froid, marque indélébile qu'on ne se pardonne pas aisément, ou plutôt qu'on n'oublie jamais entièrement les blessures faites à notre amour-propre.

On pourrait rappeler ici les paroles de Sterne : « L'entêtement est une faiblesse absurde ; si vous avez raison, il amoindrit votre triomphe ; si vous avez tort, il rend honteuse votre défaite. »

Un esprit juste évite les querelles ; un homme bien élevé ne s'entête pas, outre mesure, à soutenir ses raisons, lors même qu'il les croit meilleures que celles des autres. Il est toujours un moyen de se tirer d'un mauvais pas : avouer humblement, mais aimablement, qu'on a pu se tromper ; qu'on examinera le sujet, et qu'on est tout prêt à reconnaître ses torts, s'il y a lieu. Soyez sûrs, alors, que la partie adverse se rangera de votre avis, à moins qu'on ait affaire à des sots. Dans ce cas, on les laisse où ils sont ; ceux-là ne comptent pas sérieusement dans la vie.

Oublier, c'est pardonner, et le seul moyen d'apaiser les différends entre tous.

XXXIII

Dans le royaume des aveugles,
les borgnes sont rois.

Qui n'a pas été témoin de l'aplomb superbe avec lequel le sot orgueilleux soutient des choses dont il ignore le premier mot, s'il se trouve dans une société de gens qu'il croit éblouir de son importance? Il s'arroge le droit de critique sur tout. Il loue ou il blâme avec un air suffisant, tout fier de l'effet qu'il produit. C'est qu'on l'écoute bouche bée cet homme qui a tout vu, tout entendu. Ne connaît-il pas les faits de source certaine? n'est-il pas en son pouvoir de fournir les tenants et les aboutissants, au besoin?

Il est amusant ce fat, sachant si peu que rien. D'une arrogance incroyable, tant qu'il se croit seul maître de la place, il devient plat et souple aussitôt qu'il arrive quelqu'un de supérieur à lui; il se met alors aussi bas qu'il se plaçait haut, il n'y a qu'un moment. Ce « savant » n'ose plus s'avancer, tant sa science est courte; n'ayant rien appris sérieusement, il n'a rien retenu. C'est pourquoi, étant peu sûr de lui-même, il se contente de l'avis du plus fort, n'ayant pas su, même, se former une idée personnelle.

Dans la société des aveugles, il n'y voyait que d'un œil ; au milieu de ceux qui savent, il ne voit plus clair du tout. Quand il a ra été remis à son rang par une bonne leçon, sera-t-il au moins corrigé ? Reste à savoir.

Laissons la parole à Mme de Lambert : « Notre ennemi, c'est l'amour-propre qui nous dérobe à nous-même, et qui fait que nous vivons avec nos défauts comme avec les odeurs que nous portons ; si bien que nous ne les sentons plus et qu'elles n'incommodent que les autres. » Le fat presque toujours s'abuse sur son propre mérite. Il oublie, ou plutôt se plaît à oublier ses fautes, même quand on les lui a montrées du doigt. La plupart du temps il les ignore. Il est trop plein de lui-même pour se connaître ; toujours indulgent lorsqu'il s'agit de lui, il n'a d'ironie et de persiflage que pour les écarts d'autrui.

L'orgueilleux, doublé d'un sot, ne se corrige guère non plus ; les coups lancés à son amour-propre ne l'atteignent point. Pour écarter un danger il faudrait le connaître ; lui ne saura jamais jusqu'où va sa nullité, puisqu'elle l'aveugle.

Le fat n'est toujours qu'un sot, et le sot souvent un fat.

XXXIV

La rouille use plus que le travail [1].

L'action entretient la vigueur du corps, l'élasticité des membres et la vivacité de l'esprit : qualités inconnues au nonchalant et au paresseux. La clef dont on se sert journellement est luisante et d'un usage facile ; celle dont on ne se sert pas s'oxyde, devient rugueuse et d'un maniement difficile. Cette comparaison, toute commune qu'elle soit, montre fidèlement l'action vivifiante du travail, et l'action énervante de la paresse sur l'homme.

Bien équilibré, le travail est une source de jouissances ; il chasse l'ennui, le plus mortel ennemi de l'humanité ; il étend les vues, développe les idées, les fortifie et les éclaire. Par l'activité, l'esprit est tenu constamment en éveil. Il se fait une douce habitude d'un travail journalier, cet auxiliaire utile aux besoins de la vie, aussi bien que son fidèle compagnon.

L'homme inoccupé voit son corps s'alourdir, sent ses facultés s'oblitérer. S'il veut entreprendre une besogne quelconque, soit par nécessité, soit pour chasser l'ennui qui le gagne, il ne se trouve

1. Franklin.

plus la même aptitude pour accomplir une tâche, devenue étrangère pour lui.

Il tâtonne, il se sent maladroit, le plus souvent ne réussit pas ; dès lors, il se rebute. Ses facultés, lourdes ou inertes, ne sont plus les auxiliaires fidèles qu'elles eussent été, et qu'elles seraient encore, s'il avait su les tenir en haleine.

Découragé par son incapacité, il se plaint de tout : du travail ingrat, impossible pour lui plus que pour d'autres ; de son âge, du temps et des circonstances ; de tout enfin, excepté de lui-même, dont l'inertie seule, pour ne pas dire la paresse, est la grande coupable.

Jeune, il n'a pas su s'exercer à l'activité ; ses moments, trésor précieux, ont été gaspillés en futilités ; heures frivoles, perdues à tout jamais, elles qui auraient dû lui être si utiles et si productives.

Terminons par cette pensée de Diderot : « Le travail, entre autres avantages, a celui de raccourcir les journées et d'étendre la vie. »

Non seulement il l'étend, mais encore il la double et il la sanctifie, concurremment avec les avantages matériels qu'il procure : car s'il est l'aliment actif de l'esprit et un dérivatif certain à nos mauvais penchants, il donne le pain quotidien, et bien souvent une certaine aisance, quand ce n'est pas la richesse.

XXXV

Qui n'entend qu'une cloche
n'entend qu'un son.

Chacun dans la vie raconte son bon droit. On ne voudrait jamais avoir tort ; la nature de l'homme répugne à toute humiliation, quelle qu'elle soit. C'est pourquoi il veut avoir raison, même contre l'évidence.

Il éviterait ce travers, si pénible à son amour-propre, s'il prenait la coutume d'effleurer moins légèrement ses raisons personnelles et celles des autres. Son opinion, mieux assise, ne serait pas émise avec passion, comme il lui arrive souvent, et ne perdrait pas de sa justesse. Son emportement, en lui faisant perdre le sens délicat du juste, ne l'excite-t-il pas souvent à rejeter avec violence tout ce qui atteint ses idées ?

Ce droit, que l'homme refuse gratuitement aux autres, il n'hésite pas à le trouver tout naturel quand il concerne ses propres intérêts ; il lui est bien difficile, alors, de rester dans des limites raisonnables. Le malheur est que l'amour-propre s'en mêle. Trop fortement excité, il nous dérobe nos erreurs pour ne nous montrer que les froisse-ments portés à notre orgueil.

Malgré tous nos raisonnements spécieux, nous sommes bien forcés de reconnaître, parfois, que nous nous sommes trompés : cet aveu, si cruel qu'il soit à notre fierté, montre un vrai caractère; car la faute n'est pas dans les illusions que nous nous sommes faites sur nos droits, mais dans la mauvaise volonté que nous apportons à le reconnaître.

Quant à nos confidents, leur route est toute tracée : écouter l'autre partie, si possible, avant de juger la question. En outre, ils doivent y apporter la plus scrupuleuse délicatesse, avant de se décider pour ou contre.

L'entêtement, si funeste à nos intérêts dans le courant de la vie, deviendrait une faute grave, s'il persistait encore, alors même que la raison des autres aurait prévalu. Ce ne serait plus simplement un manque de convenance, mais bien un tort sérieux causé à la délicatesse de nos sentiments d'équité. Le doute, même en ce cas, effleure notre réputation ; la certitude l'atteindrait complètement, ce qu'il faut éviter à tout prix. Nous apprendrons souvent à nos dépens que le plus léger soupçon déflore l'honorabilité de l'homme; qu'il doit, avant tout, donner des preuves sérieuses d'équité, s'il veut conserver intacte sa réputation. Que toujours sa conscience en soit la garde vigilante, s'il veut s'éviter cet affront.

XXXVI

Il faut avoir obéi
pour être digne de commander [1].

L'art de commander est difficile et délicat; on n'en connaît bien l'importance qu'à la tâche. Mais, auparavant, on se fait d'étranges illusions à ce sujet.

On s'imagine, d'abord, que nul n'est plus heureux que le maître appelé à commander, et qu'il n'est rien de plus facile que de donner des ordres. C'est là-dessus qu'on se trompe grossièrement! Il suffit de passer par une direction quelconque, pour se convaincre des difficultés qu'on y rencontre à chaque pas.

Et d'abord, pour bien commander, il faut savoir obéir; or, on le peut d'autant mieux, qu'on a commencé par être soumis à l'autorité d'un chef. Il faut aussi avoir de la dignité. Quiconque est appelé à diriger une maison, un atelier, ou une association, perdrait vite de son prestige, s'il ne conservait pas la dignité convenable à sa position.

Le savoir, ou certaines connaissances utiles à la tâche de chacun, n'est pas moins indispensable à toute personne chargée d'une direction. Quand la maîtresse de maison donne un ordre, si elle ne sait pas auparavant apprécier les difficultés du travail qu'elle demande, elle risque fort de le donner mal-

1. Solon.

adroitement, ou d'exiger plus qu'on ne peut faire. Bon nombre de jeunes femmes se sont heurtées à des obstacles sérieux, et se sont occasionné bien des ennuis, faute d'avoir connu la somme d'ouvrage qu'elles étaient en droit de demander. Dès lors, les serviteurs, pleins de bonne volonté parfois, voyant qu'ils ne pouvaient arriver à fournir la besogne exigée, quittent la maison fort mal disposés, et nuisent ainsi aux réputations les mieux établies.

On a vu aussi de jeunes professeurs exiger le même effort de mémoire de tous les élèves, sans se donner la peine d'étudier leurs aptitudes particulières. Celui-ci a la mémoire des mots, donc il récitera la leçon sans en omettre un iota; reste à savoir le résultat de cette belle récitation. Cet autre, au contraire, ne retient pas toujours le mot à mot, mais peut vous en raconter convenablement le fond, avec plus ou moins de facilité de langage. Mais il s'en tire, si le maître sait y voir. Combien en a-t-on vus de ces pauvres enfants qui, rebutés de voir leurs efforts incompris, sont tombés dans une insouciance regrettable, souvent préjudiciable à leur réussite! Heureux sont-ils, quand ils ne vont pas jusqu'à incriminer la manière d'agir de leur maître!

Donc, pour éviter ces mécomptes, il est bon d'avoir des vues justes, et une connaissance assez approfondie des choses, ressortant de l'autorité qui nous a été confiée, n'importe dans quelle position.

XXXVII

Les injures sont les raisons de ceux qui ont tort.

Il est si ordinairement vrai que personne ne veut avoir tort, qu'on voit certaines gens expliquer leurs raisons par des injures, lors même qu'elles sont le moins prouvées.

Autant les personnes sensées et délicates aiment à avouer qu'elles se sont trompées, autant celles qui n'ont pas les mêmes sentiments y mettent de mauvaise grâce. Mais nul ne s'y trompe; leurs arguments, de par la force brutale, les accusent plutôt qu'ils ne les défendent.

Lorsqu'on ne se sent pas fautif, on reste parfaitement calme; il n'en est pas de même des autres : c'est précisément ce qui les perd.

C'est faiblesse et injustice de ne pas vouloir reconnaître ses erreurs. Faiblesse; car, lorsqu'on a eu le courage de se laisser aller à commettre un acte répréhensible, on devrait avoir la force de le reconnaître, et de chercher à réparer le mal qui a pu en résulter. Injustice; il peut arriver qu'en cherchant à se disculper d'une faute, on risque de laisser tomber la responsabilité de cette faute sur des innocents; ou seulement, en gardant un silence coupable, de les atteindre quelque peu.

Outre ces motifs d'un caractère tout moral, c'est manquer de savoir-vivre, en persistant dans un entêtement maladroit; car, en lançant des injures, pour se couvrir, on prouve un naturel brutal et grossier : conduite inqualifiable, éloignant, à coup sûr, les gens bien élevés.

Selon Mme de Lambert, « la politesse est le désir de plaire aux personnes avec lesquelles on est obligé de vivre, et de faire en sorte que tout le monde soit content. » N'est-ce pas le lien de la vie en commun? Qui n'y apporte pas cette monnaie courante, risque fort de rester seul. On ne se plaît qu'avec les gens d'un commerce aimable : la politesse et l'urbanité en sont les conditions indispensables.

Il serait à désirer, qu'en notre éducation première, on poussât les enfants à se montrer aimables et prévenants les uns envers les autres. Plus tard, dans leurs relations sociales, ils continueraient les saines traditions de l'éducation de leur enfance.

Quoi qu'en ait dit Rousseau, « que les manières polies rendent les enfants hypocrites et dissimulés », je crois plutôt qu'elles les habitueraient à se faire de mutuelles concessions, sans lesquelles il ne saurait y avoir de relations vraiment amicales, et à reconnaître simplement leurs torts au besoin.

XXXVIII

**Le plus souvent on fait le mal
parce qu'on n'a pas le courage de faire le bien.**

La véritable vertu naît de la force de caractère et de la modération.

Il faut être fort pour résister aux attraits de certains plaisirs dont la jouissance pourrait être nuisible, soit à nos intérêts matériels, soit à notre dignité morale. Il le faut aussi pour accomplir son devoir quotidien. Le retour incessant des mêmes actes finirait par nous énerver, à cause de la monotonie de certaines occupations.

Un esprit sensé, des aspirations modérées, nous aideront à nous plaire dans les occupations modestes qu'exige notre position. Le devoir de chaque jour, sans nous ouvrir des horizons très étendus, et sans avoir le même attrait des fêtes mondaines, nous assure, en revanche, une vie pleine de douceur et de sérénité, que les distractions du dehors ne sauraient nous donner.

Nous sommes tous perfectibles. Tous, sans que ce soit au même degré, nous connaissons et nous sentons où est le mieux : ce mieux vers lequel nous devons tendre, quoi qu'il nous en coûte.

Dieu a donné à l'homme l'aspiration au bien ; c'est la cause directe de ses luttes continues. Il n'est pas douteux, néanmoins, que ce sentiment intime ne perde de sa délicatesse avec l'habitude du vice ; le remords n'ayant plus la même action sur la sensibilité de l'âme, cette sensibilité s'émousse peu à peu sous l'influence du mal.

Il est bon de reconnaître, en passant, qu'un caractère patient trouve en soi une force inconnue au caractère irascible et brutal : évidemment le calme de l'esprit nous fait mieux discerner là où est le devoir, et nous montre plus clairement les fautes à éviter. La tranquillité de l'âme n'est-elle pas le plus fort levier pour tenir le cœur en place lorsqu'il s'agite ? Avec le calme, nous voyons les faits sous leur vrai point de vue, et le résultat probable des événements. Tandis que l'homme bouillant emmêle tout, l'homme calme démêle caractères et choses ; choisit ici, laisse là, puis se retire d'un mouvement tranquille, non sans avoir fait provision d'expérience et de force pour continuer les luttes de la vie.

De tout cela, nous pouvons conclure que, pour devenir un homme de bien, il nous faut vigoureusement lutter avec nous-même. — Nous resterons victorieux si nous savons rester calme malgré l'orage : cette force nécessaire pour vaincre nos passions ou dominer nos mauvais penchants.

XXXIX

Les fols inventent la mode, les sages la suivent.

La mode change souvent la forme des objets multiples, servant à la toilette de la femme; un peu moins celle des hommes, quoiqu'ils soient également soumis à son exigence.

Elle s'étend aussi sur les meubles, les appartements, et sur tout ce qui constitue le confortable des maisons. Si ceux qui l'inventent sont fous, d'après la maxime, on ne peut nier que ces changements divers soient affaire de commerce, d'industrie et de civilisation. Ne nous plaignons pas trop de la mode; elle exerce une heureuse influence sur le commerce d'un pays, dont elle facilite le développement, sur l'industrie, sur le goût. Enfin, elle prouve souvent un vrai progrès dans les mœurs des populations, ou leurs habitudes: propreté, ordre, qui va jusqu'à l'art dans l'arrangement des demeures, même modestes; soins délicats de la toilette qui se rattachent, dans bon nombre de cas, à une bonne hygiène; sans oublier le charmant effet des ajustements chez les personnes simples et de bon goût.

Après avoir montré les bienfaits de la mode, conséquences heureuses du progrès, il est juste de blâmer ceux qui l'exagèrent, en n'accommodant pas la capacité de leur bourse avec ses exigences.

On peut bien, sans se singulariser, mettre d'accord les convenances avec ses revenus. Les femmes sont assez sujettes à tomber dans le travers de l'exagé- ration. Elles ne voient que le gracieux effet d'une toilette neuve, sans considérer attentivement si la nouvelles parure, destinée à les faire valoir, n'est pas d'un prix au-dessus de leurs moyens. C'est encore une faiblesse de se la donner, lors même qu'on le peut, sans une nécessité réelle.

Toutefois, ne critiquons point l'adresse des jeunes personnes, sachant tirer parti d'une étoffe modeste pour en faire une robe de goût, donner un air d'élégance à une coiffure par un nœud délicatement posé, ou confectionner ces mille riens se rattachant à la toilette féminine : c'est un indice de soin et de bonne tenue. L'abus seul en est blâmable.

On rapporte que sainte Jeanne de Chantal se plaignait à saint François de Sales du penchant de sa fille pour la toilette. L'aimable évêque de Genève répondit par ce mot délicieux : « Il faut bien que les filles soient un brin jolies. » Ce mot ne condamne-t-il pas d'un trait les esprits étroits qui, n'étant plus jeunes, ni bien de leur personne, voudraient que la jeunesse se renfermât dans le sombre obscur de leur déclin ? Autant chercher à empêcher la nature de nous montrer fleurs et papillons, soleil et jeux de la brise. Savoir jouir des dons de Dieu est la bonne façon de l'en remer- cier ; je crois aussi, la meilleure.

XL

La vanité et l'orgueil nous coûtent plus cher que la faim, la soif et le froid.

Il est bien à plaindre celui qui se laisse dominer par la vanité et l'orgueil ; ne vivant que pour satisfaire ces deux tyrans, il leur sacrifierait tout : repos, amis, bonheur des siens.

On en a vu de ces avares orgueilleux se refuser le nécessaire dans leur intérieur, parce que personne n'en était témoin, et se laisser aller à des dépenses exagérées, dès qu'il s'agissait de satisfaire leur ostentation.

D'autres, des égoïstes, se faire tirer l'oreille pendant longtemps avant d'accorder les jouissances les plus légitimes aux membres de leur famille. Et, chose curieuse ! quand, après bien des réticences, ils avaient fini par y consentir, si on s'avisait de les louer, soit d'un voyage accompli, soit de la belle ordonnance d'une fête donnée, ils s'en glorifiaient comme d'une générosité spontanée, qu'ils étaient heureux d'offrir aux leurs ; oubliant, bien entendu, de mentionner tout ce qu'il avait fallu de diplomatie, pour les décider à accorder des choses qu'il était si naturel de donner tout de suite.

Sots et vaniteux, ils ne font aucune attention aux

besoins des autres ; ils ne voient que leur satisfaction personnelle.

Quelques-uns tombent dans un autre travers.
L'orgueil, les poussant à l'ambition, leur ouvre une
soif ardente des honneurs et du désir de paraître.
Rien ne les arrête pour en arriver là ; tous les
moyens leur paraissent acceptables, qu'ils soient
plus ou moins délicats ; même si ceux-ci viennent
à leur manquer, ils s'oublient jusqu'à se permettre
des actes qu'un honnête homme réprouve.

L'intensité du sentiment orgueilleux, qui les
domine, oblitère insensiblement la délicatesse de
leur conscience, glissant sur la pente rapide des
voies ténébreuses, sans remords ni regrets. Arrivés
au gré de leurs désirs, ont-ils au moins la tranquillité qu'ils s'étaient promise, ou le bonheur
entrevu ? Hélas ! non. La première, beaucoup le
savent, ne s'obtient qu'avec des goûts modestes et
simples ; et le second, qu'avec la satisfaction
d'avoir marché dans le droit chemin. Or, ils n'ont
rempli aucune des obligations voulues pour cela,
étourdis qu'ils étaient par l'obsession de leurs
idées de grandeur.

Que reste-t-il bien souvent de tout ce tracas ?
Vide, solitude, dégoût des hommes et des choses,
quand ce n'est pas pis. Heureux encore si l'honneur
et la conscience restent saufs !

XLI

La caque sent toujours le hareng.

Ne vous est-il pas arrivé de transformer un de ces barils à harengs en une caisse à fleurs? Armé d'un pinceau, vous l'avez décorée d'une triple couche de peinture, après l'avoir préalablement soigneusement lavée. Mais, quoi que vous fassiez, l'odeur (sui generis) persistait, malgré tous vos efforts pour la faire disparaître.

Ainsi pour l'homme; quand il est sorti d'un milieu grossier et trivial, il prend difficilement des manières distinguées. Il n'oublie guère ses premières impressions. N'a-t-on pas dit avec raison qu'elles sont ineffaçables? Quoi qu'il fasse, il gardera plus ou moins la marque indélébile de son origine.

Ne pas confondre toutefois les milieux. Autre chose est de sortir des bas-fonds de la société, ou d'être d'une naissance modeste, mais honnête. Le premier laisse ordinairement une trace profonde sur les manières ou le caractère de l'homme, si tant est qu'à force de volonté on ne puisse en atténuer les nuances; tandis que le second vous permet plus aisément d'atteindre les premiers degrés du savoir-vivre. Les manières et les idées se modifient autant qu'on le veut, et comme on le veut, pourvu qu'on le veuille bien, avec le temps, les relations et la culture intellectuelle.

Gardons-nous surtout de l'optimisme de certaines gens qui, imbus des préjugés orgueilleux de caste, s'imaginent qu'on ne peut avoir quelque distinction qu'autant qu'on est de leur monde.

N'est-ce pas l'honnêteté, l'intelligence et le travail qui constituent le meilleur des mondes? Et la valeur morale, qu'en faites-vous? N'est-ce pas la vraie distinction que d'avoir des sentiments élevés et une intelligence d'élite? Croyons bien qu'avec ces dons-là, l'homme n'est déplacé nulle part. Ils constituent à eux seuls le trésor enviable entre tous.

La vertu et le vrai mérite habitent tous les foyers, riches ou modestes; la véritable marque de la dignité humaine n'est pas dans le rang donné par la naissance ou la fortune, mais dans celui que nos qualités du cœur et de l'esprit nous ont acquis.

XLII

Un ton poli rend les bonnes raisons meilleures et fait passer plus aisément les mauvaises.

Cet axiome nous montre qu'avec des manières polies, on est ordinairement bien accueilli. La politesse, n'est-ce pas la clef ouvrant bon nombre de portes ?

Les raisons présentées d'une façon aimable sont écoutées, et semblent presque toujours mériter d'être discutées. Si elles ont quelque valeur, on s'en empare, et la cause est gagnée ; si elles ne sont pas telles qu'on le souhaiterait, on ne les rejette pas absolument. On se propose de les revoir, de les étudier à fond, ce qui est déjà une consolation pour qui les expose.

Mais si, au lieu de manières polies, vous apportez un ton autoritaire, voulant faire adopter vos idées d'une façon sèche et tranchante, parce qu'elles sont les vôtres ; alors qu'elles seraient la raison des raisons, on hésitera à les admettre ; on sera mal disposé à votre égard. Au reste, rarement on convainc les autres de la valeur de son opinion personnelle, en s'imposant.

L'homme est ainsi fait : aux idées qu'on lui présente poliment et humblement, il fait bon accueil ; tandis qu'il se moque de l'arrogant, prétendant lui imposer sa manière de voir.

La politesse est un aimant, elle attire à soi toutes les sympathies. Pour être vraiment poli, ne faut-il point un caractère affable, aimable, modeste, et s'appliquant plutôt à être agréable aux autres qu'à satisfaire ses propres inclinations ? toutes qualités faites pour gagner les cœurs.

En outre, une personne polie n'a point de ces négligences regrettables qui témoignent de l'égoïsme souvent, de l'indifférence presque toujours. Jamais elle ne s'oublie ; elle reste continuellement attentive à servir aux autres une monnaie dont elle voudrait qu'on la payât elle-même.

La politesse est le trait d'union des gens bien élevés, aussi bien que des gens de cœur et de tact : on ne la sépare point non plus de la charité ni de l'amitié. La première politesse prouve de la délicatesse ; la seconde, la joie d'aimer.

> La politesse est à l'esprit
> Ce que la grâce est au visage :
> De la bonté du cœur elle est la douce image,
> Et c'est la bonté qu'on chérit [1].

1. Voltaire.

XLIII

On souhaite la paresse d'un méchant, et le silence d'un sot.

Quoi de plus redoutable que l'activité du méchant ! Quoi de plus nuisible que le bavardage d'un sot ! Le premier n'a ni trêve ni merci qu'il n'ait lancé ses coups d'une main sûre. Le second, souvent inconscient, dit les choses qu'il faudrait taire, et tait celles qu'il faudrait dire. L'un et l'autre, semblables à des animaux malfaisants, sont redoutés de tous et non sans raison : voilà pourquoi on souhaite la paresse du méchant et le silence du sot.

Malheureusement, le méchant reste rarement inactif ; sa malice le tient sans cesse en éveil pour satisfaire ses mauvais instincts. Observez-le ! venimeux en paroles, il salit tous ceux que ses calomnies retoutables attaquent. Il tranche sûrement leurs espérances les plus légitimes, minant ainsi sourdement les positions les mieux établies, en abaissant d'un trait satirique les réputations les plus solides. Il n'a de repos qu'il n'ait immolé sa victime à sa haine ; s'il ne la tue pas net, il lui porte des blessures si profondes, qu'elle n'en guérira jamais complètement.

Ses ravages sont cruels parce que son venin est mortel.

Le sot, lui, agit inconsciemment et c'est là toute son excuse ; on lui pardonne donc plus volontiers, vu son manque d'idées. Pourtant de quelles absurdités n'est-il pas capable ? Et à quels agacements, sans cesse renaissants, n'est pas exposé celui qui est appelé à vivre à ses côtés ? Il parle autant à tort qu'à droit. Veut-il réparer une sottise, qu'à force d'adresse on lui fait toucher du doigt, il l'augmente encore d'une nouvelle maladresse ; semblable à celui qui, tombant sur les mains, cherche à se retenir, et tombe sur les genoux et les mains à la fois : la chute est double.

Quand la pénétration seule fait défaut, et qu'il reste encore un peu de bon sens aux simples d'esprit, ils sont encore perfectibles par quelque endroit ; mais quand tout leur manque, c'est une plaie dans les familles, comme dans la société.

Le méchant, ainsi que le sot, ne laissent-ils pas toujours la trace funeste de leur passage ?

Mais tandis que Dieu se montrera clément aux pauvres d'esprit, il sera sévère aux méchants.

Evitons de fréquenter le premier ; ou, si nous ne le pouvons, opposons à ses malices une réserve prudente, un accueil poli, mais froid.

Il est de ces gens qu'on ne saurait trop tenir à distance.

Quant au sot, le meilleur est de le supporter comme quelqu'un qui ne compte pas.

XLIV

Tant vaut l'homme, tant vaut la terre.

L'homme laborieux, s'il est doublé d'une activité intelligente, tire un notable parti de la terre qu'il cultive ; il la rend productive en puisant dans son sein tout ce qu'elle peut lui donner.

Le paresseux, ignorant et insouciant, n'obtient qu'un médiocre résultat. Il s'en tient le plus souvent à la routine ; ne voulant pas se donner de peine, il n'améliore rien ; il récolte peu, et presque toujours la terre dépérit entre ses mains.

Cet axiome peut s'appliquer à toutes les professions. L'homme de valeur transforme tout autour de lui ; il féconde, de son intelligence et de son activité, tout ce dont il s'occupe. Apte à une foule d'industries, il puise en lui-même des idées nettes, précises et souvent neuves. Ces idées, fruit de son travail ou de ses réflexions, lui procurent des ressources ingénieuses qu'il ne doit qu'à lui-même, et l'aident à mener à bien ses entreprises.

Sa valeur ne lui sert point qu'aux choses matérielles, elle s'étend aux choses de l'esprit et du cœur. Si l'activité de son intelligence le place au premier rang de la foule, ses qualités le rendent d'un commerce agréable, et lui gagnent bien des sympathies. Le mérite de son esprit attire également à lui ceux qui l'approchent ; et, lorsqu'ils se retirent, ils n'en conservent qu'un souvenir doux et agréable. Il peut aussi se flatter d'avoir fait quelque bien, rendu quelque service ; on ne peut que gagner dans la société des gens d'esprit et de cœur.

Bien différente est l'influence morale de l'homme médiocre. Egoïste ou insouciant, ne pensant qu'à ses affaires personnelles, ne vivant que pour lui, il n'a su gagner ni l'estime ni l'affection des autres. Il vit au jour le jour, ne se préoccupant que de ses aises, et laissant passer, sans les saisir, les mille moyens que la vie nous offre, pour venir en aide à de plus malheureux, pouvant avoir besoin de notre appui.

Il passe sans faire le bien, s'il ne fait pas toujours le mal ; en réalité, il est inutile aux siens, à la société, et parfois nuisible à lui-même.

Par ce qui précède, nous voyons clairement la nature du devoir de chacun de nous : mettre tout en œuvre, c'est-à-dire savoir exploiter intelligence, force, courage ; en un mot, tous nos mérites, pour les mettre au service de nos proches, de nos amis, de la société, si nous voulons être quelqu'un.

XLV

Le poil du renard change, et non ses mœurs.

Le renard, voleur et rusé, peut être admiré pour sa belle fourrure ; il n'en restera pas moins la terreur des fermiers.

Si chacun reconnaît qu'il est un des éléments productifs du commerce, il n'en est pas moins redouté par ses mœurs.

N'en est-il pas de même de certaines gens, dont on admire les riches vêtements, et dont les mœurs sont détestables ? On peut voir un grand scélérat sous des habits d'une coupe irréprochable, et à côté, un parfait honnête homme vêtu d'habits grossiers. De même, telle femme éblouit par sa toilette luxueuse, qui n'est qu'une sotte ou pis encore ; tandis qu'une autre porte un cœur d'or ou un esprit supérieur, sous sa modeste robe de percale. On a beau se parer, s'attifer de beaux ornements, on n'en reste pas moins avec ses vices, comme le renard avec ses mœurs.

Un vieux proverbe dit : « On reçoit l'homme d'après l'habit qu'il porte, et on le reconduit d'après l'esprit qu'il a montré. » Tant il est vrai qu'au premier abord une belle mise frappe nos regards, nous séduit, en nous invitant à saluer bien bas ceux qui en sont revêtus. Souvent on en revient vite de cette première impression ; cela dépend de l'habileté de la personne comme de notre perspicacité.

A ce sujet, un souvenir de jeunesse trouve sa place ici. « Une dame de mes amies, aussi parfaite d'esprit et de cœur, que simple dans sa toilette, m'emmena, pour une mission de charité, chez une des personnes notables de la ville. Après les saluts d'usage, le maître de la maison prit la main de mon amie pour la faire entrer au salon. Celle-ci s'y refusait, prétextant qu'elle n'avait pas une mise de circonstance. Voici la réponse qui lui fut faite : « Comment, chère Madame, me feriez-vous l'injure de croire que j'attache plus d'importance à la toilette de mes amis qu'à leur valeur ? »

Je trouvai la réponse aussi juste qu'aimable et je ne l'oubliai plus.

Selon Mme Swetchine : « L'homme qui nous est le plus inférieur, en général, nous est supérieur en quelque point. » Ce doit être l'opinion de tous ceux qui pensent juste. L'estime, aussi bien qu'une admiration réciproques, c'est la chaîne d'or qui relie les grands cœurs. Pour eux, le fourreau n'a aucune valeur appréciable, la lame est tout : trouver le point supérieur chez les autres, sans nous en tenir à la tenue extérieure, prouve à la fois du tact et du cœur.

Exploitation d'une nature élevée, qui fait le plus grand éloge à ceux qui s'en occupent.

XLVI

Celui qui achète le superflu, vendra bientôt le nécessaire.

Entre le nécessaire et le superflu, il y a souvent une si faible différence, que les gens raisonnables seuls savent l'apprécier, mais qui passe inaperçue à l'esprit des gens légers. Donc, avant de nous payer une fantaisie, voyons tout d'abord si l'état de notre bourse nous le permet ; ensuite, réfléchissons s'il ne serait pas sage de nous en passer.

Ne vaut-il pas mieux porter son habit raccommodé, que d'en avoir un neuf avec une dette ? Parfois on se crée des besoins factices ; le plaisir de les satisfaire fait miroiter à nos yeux des avantages qui ne sont réels qu'en notre pensée. Le désir les augmente en proportion de l'idée, plus ou moins juste, qu'on s'en forme ; dès lors, on ne calcule plus, on oublie le modeste état de ses ressources, on perd de vue le tort que la satisfaction de cette fantaisie peut causer aux besoins vrais de ceux qui nous entourent. On veut posséder, quitte à se créer des regrets plus tard.

Il est curieux de constater que la possession

d'un objet longtemps convoité ne nous procure pas ordinairement toute la joie qu'on en attendait.

Alfred de Musset n'a-t-il pas écrit : « Un souvenir heureux est peut-être sur terre plus vrai que le bonheur ? » N'en pourrait-on pas dire autant de l'espérance ? Entre l'espoir et la réalité, réside souvent un bonheur refusé au désir accompli.

Or, la manie de convoiter sans cesse ce que l'on n'a pas, conduit à l'habitude de se payer des objets qui ne sont pas absolument indispensables ; habitude fâcheuse, menant souvent à la ruine, sans secousses appréciables : de là le danger.

« L'habitude, a dit Mme Swetchine, est une eau qui coule à petit bruit, mais qui verdit tout encore sur son passage. » Oui, le fait des bonnes habitudes laisse une trace bienfaisante : économie, ordre, soin, art de bien conduire une maison ; tout cela s'acquiert à petit bruit, lentement, et s'incorpore si bien dans nos mœurs, que ces qualités diverses font partie intégrante de notre être, tout en amenant l'aisance et le confortable dans les familles.

Mais si les habitudes ont un effet contraire, jugez du dégât ou du désordre qu'elles introduisent dans les maisons.

Les esprits bien équilibrés connaissent seuls la juste mesure à prendre.

XLVII

La véritable modération est force.

Se modérer, c'est se gouverner avec sagesse, tant au physique qu'au moral : on dit de ces esprits-là qu'ils sont pondérés. Mais, pour arriver à ce point, qui maintient nos tendances comme nos facultés en haleine, il nous faut un certain courage. Plus l'éducation de nos facultés sera soignée, plus elles acquerront de force, et mieux nous serons aptes à conduire notre volonté, à la soumettre aux lois supérieures de notre âme. Ce n'est pas une mince vertu de dire à son désir : « Halte-là, tu n'iras pas plus loin ! » d'assouplir ses organes afin de les soumettre aux aspirations nobles de notre cœur. Un esprit modéré mène sûrement à la force de caractère ; vertu sans laquelle l'homme n'est jamais assuré d'arriver à bien.

« Les grandes pensées viennent du cœur », a dit Vauvenargues. C'est pourquoi on dit : un noble cœur, un cœur généreux, de quiconque agit bien. Il n'y a pas de véritable élévation, pas plus que de vertus réelles, pour qui ne sait pas se dominer. Esclave de ses penchants, soumis à ses appétits grossiers, l'homme est bientôt vaincu et mis à bas par les mille misères de la vie qui le sollicitent de toutes parts.

Heureuse la main assez ferme pour supporter tous ces assauts sans broncher ; elle conduira sûrement sa barque en ce monde.

« A toutes tes pensées, dit Epictète, demande froidement le mot du guet, et tu ne seras jamais surpris. » Ne serait-ce pas un sûr moyen d'acquérir la force d'âme, vraie vitalité de l'esprit et du cœur, qui nous permet de regarder froidement les choses, et de faire taire nos hésitations ? Tandis que si nous éparpillons nos forces de ci et de là, nous n'arriverons jamais à nous former une idée précise des faits et de leur cause, appréciation seule capable de nous guider.

Notre perfectionnement moral dépend beaucoup de notre intelligence et de notre volonté, soumises aux lois divines et humaines, et de notre modération. C'est elles qui donnent des visées justes, fournies par un esprit réfléchi, cultivé et bien équilibré. Or, ces idées acquises, dans la plénitude de nos facultés, seront pour l'homme un fidèle guide. On ne sort rien de rien ; et le bien ne serait pas le bien, si l'on n'y pouvait affirmer la sanction du juste et du vrai.

XLVIII

Qui se contient, s'accroît [1].

Se contenir, c'est rester maître des mouvements de son âme ; c'est savoir dominer ses passions. S'il en arrive à ce point, l'homme grandit en proportion de la force d'âme dont il fait preuve, et de la direction qu'il a su donner à ses sentiments.

En dominant ses penchants à la violence, on finit par devenir patient ; en ramenant à des proportions modérées certains goûts de luxe ou manies de dépenses, l'homme devient économe et rangé. Et ainsi de tous les autres travers auxquels chacun de nous est sujet.

L'habitude de se maîtriser fait naître l'esprit d'équité, porte à la modestie et à la simplicité. C'est la claire vue des choses qui nous ramène le mieux à notre valeur, en faisant disparaître peu à peu le « moi » haïssable de Pascal. Il est notoire que plus nous nous considérerons dans le calme, et mieux nous verrons combien nous sommes peu. Ce premier sentiment de notre valeur respective est le premier pas vers l'accroissement de nos mérites. Ils s'agrandiront d'autant, que nous nous serons placés plus bas.

Chose curieuse à noter, ce travail de perfectionne-

1. Victor Hugo.

ment sera à peine visible. De même que le filet d'eau finit par creuser la pierre sur laquelle il coule, de même notre perfectionnement s'accomplira sans secousse sensible, avec l'habitude de modérer nos goûts et nos penchants. Pour nous rendre compte de ce travail lent et caché, de notre accroissement moral, il suffira d'une circonstance appelée à nous mettre à l'épreuve. Si nous sommes étonnés du calme ou de la force avec laquelle nous recevrons le coup, nous aurons la satisfaction de constater que nous valons mieux que par le passé.

Pourquoi sommes-nous si souvent en retard avec nous-mêmes ? C'est que nous voulons être meilleurs que nous ne le sommes réellement. Plus on s'humilie, plus on s'élève ; mais voilà ! on ne veut point du dernier rang, pas plus qu'on ne veut se voir tel que l'on est. Il est si doux de s'illusionner, de se laisser aller au courant des idées flatteuses qui nous bercent, qu'on ne se hâte guère de quitter « ce chemin doux fleurant », comme dit Montaigne. On craint la vérité nue, nous montrant nos travers : on lui préfère les folles chimères qui nous dérobent à nous-mêmes, nous empêchent de nous connaître, et par conséquent de nous corriger.

Que sait-il de la vie celui qui s'ignore ? Les luttes secrètes de l'âme et du cœur sont seules capables de nous dominer et de nous accroître, si nous savons les rendre fructueuses.

Plus on se brise, et mieux on se renoue.

XLIX

Si quelqu'un vous dit que vous pouvez vous enrichir autrement que par le travail et l'économie, ne l'écoutez pas : c'est un corrupteur.

Les sources vives de la richesse sont dans le travail ; l'accroissement de ces mêmes richesses, de même que leur conservation, se trouve dans une économie bien entendue.

Le corrupteur est un trompeur : s'enrichir sans travailler, à moins que ce ne soit par le fait d'un héritage, ne peut se produire que par des moyens malhonnêtes ; de même qu'une sage répartition dans les dépenses peut seule conserver la fortune acquise, et en favoriser l'accroissement.

« Le courage de n'être pas riche donne tous les autres ; c'est le nerf de la vertu [1]. » Rien n'élève plus l'homme, à mon avis, que de savoir supporter noblement sa pauvreté. Fierté, indépendance, force d'âme ; toutes ces vertus, il les puise dans la liberté de son esprit, le faisant mépriser ce qui ne lui est pas permis de posséder loyalement. Il préfère la vie modeste à la vie luxueuse. Ceci peut sembler

1. Gérusez.

paradoxal à une époque où chacun s'efforce d'aménager sa vie le plus confortablement possible.

Ne le nions pas ; croyons plutôt qu'il s'en rencontre, plus qu'on ne croit, de ces hommes préférant une vie simple et modeste, aux richesses susceptibles de leur causer d'amers soucis. Le travail, pour eux, est le premier bienfait sur lequel ils veulent compter. Comme il est le régulateur de la vie, il en est aussi l'activité et le soutien.

Les idées de l'homme avide d'argent, s'inquiétant peu des moyens de l'obtenir, sont tout autres. Il en veut à tout prix, coûte que coûte ; la voie pour arriver à ses fins ne le préoccupe guère ; la seule chose qu'il regarde, c'est le but.

Je ne sais qui a dit : « L'or purifie tout. » Ce triste adage n'a pu être mis en avant que par quelqu'un d'indélicat, ou qui a besoin de faire oublier l'origine de ses richesses. L'or ne lave ni ne guérit la conscience ; il ne fait que la blesser, s'il est acquis illégalement. On a beau s'étourdir au milieu des fêtes qu'il procure, s'engourdir au moyen des aises qu'il donne ; on ne peut ignorer tout à fait la blessure faite à la délicatesse des sentiments : on n'en guérit jamais entièrement.

L

**Baissez-vous un peu pour traverser le monde :
vous vous épargnerez plus d'un choc.**

Passer dans le monde inaperçu, c'est affaire de
tact et de bon sens. On ne sait point assez combien
on s'éviterait de peines et d'ennuis, si l'on voulait
bien se tenir modestement au milieu : « *Virtus stat
in medio.* »

Mais, voilà ! on veut être, et surtout, on veut
paraître ; c'est un peu le faible de la généralité. Le
peuple n'est-il pas un peu bien enfant ? Il veut, avant
tout, qu'on fasse attention à lui. De même que
l'enfant, il n'aime pas à être perdu dans la foule.
Si on l'observe, si on l'approuve, si on s'occupe de
lui, enfin, il est heureux ; il se sent quelqu'un.

Mon Dieu, ce désir est assez légitime quand il ne
va pas trop loin. Malheureusement, il n'est pas
toujours aisé de le ramener à des proportions raisonnables ; et, assez souvent, il en résulte, « de ce désir
de ne point passer inaperçu », des idées d'orgueil ou
d'ambition, qui font trop souvent perdre à l'homme
la notion juste de sa valeur. Il se croit supérieur,
et, comme tel, il s'avance au lieu de s'arrêter. C'est
alors qu'il connaît les mécomptes. Mais ne croyez

pas qu'il s'en attribue la faute. Non ! C'est à la société qu'il la renvoie. Elle n'a su, d'après lui, ni connaître son mérite, ni le comprendre.

Heureux celui qui se tient à sa place ! Il craint moins les chocs ou les humiliations. On le recherche, s'il y a lieu ; on lui témoigne une estime, d'autant plus méritée, qu'il ne la convoite pas. Moins il s'avance, et plus on va vers lui : la vraie valeur se laisse plutôt deviner qu'elle ne se montre.

Est-ce à dire qu'on ne doive pas avoir une ambition légitime ? Non. C'est un stimulant, au contraire, appelé à développer l'esprit et à former le jugement. La capacité, exigée pour remplir certains emplois, n'a pu être conquise qu'au prix de fructueux efforts et de force de caractère : l'énergie, dans ce cas, fait l'homme.

Mais le vrai mérite est raisonnable. Cette pensée de Pascal trouve ici sa place : « La raison nous commande bien plus impérieusement qu'un maître, car en désobéissant à l'un on est malheureux, et en désobéissant à l'autre on est sot. » L'important est de voir où elle est, car c'est un des guides sûrs de la vie.

LI

**Faites tout de suite ce que vous devez faire ;
le temps ne s'arrête pas pour vous attendre.**

Demain n'appartient à personne ; c'est pourquoi nous ne devons pas en disposer à la légère. N'étant jamais sûr du lendemain, n'est-ce pas folie de remettre à plus tard ce que nous pouvons faire sur l'instant ? Nous courons d'abord le risque de ne pouvoir exécuter les choses résolues ; ensuite de n'avoir plus ni les mêmes idées, ni la même facilité d'action pour les accomplir.

Souvent, c'est un importun qui vient, soit déranger nos combinaisons, soit nous faire perdre notre temps. Quelquefois, c'est un incident imprévu ; ou bien, chose plus grave, notre volonté faiblit, ou nos dispositions changent : nous n'avons plus la même ardeur pour accomplir nos projets. Faits, ils sont ; à faire, ils risquent fort de n'être point.

Presque toujours, on regrette de n'avoir pas agi quand on le pouvait, et rarement d'avoir exécuté, sur-le-champ, ce que nous avions à faire. La prudence veut qu'on saisisse la balle au bond ; l'occasion est toujours bonne à prendre lorsqu'elle se présente. Les esprits pondérés ne perdent point de vue ce point important ; sachant combien le temps file, leur décision est prompte et sûre.

La vivacité d'action, jointe à un jugement droit, ne se donne pas, elle s'acquiert avec l'expérience et l'esprit d'observation. Notons en passant, que l'expérience n'est profitable qu'autant qu'on a su voir et juger : les superficiels n'apprennent jamais rien ; ni les événements divers de la vie ne les instruisent, ni ne les corrigent au besoin ; pas plus qu'ils apprennent à tirer le meilleur parti des heures dont elle se compose.

Le temps, c'est de l'argent ; savoir l'employer, c'est le convertir en or. La femme active le sait ; l'homme laborieux ne l'ignore pas non plus ; aussi pour eux les journées se doublent par le rapport et la valeur. Si la volonté doit commander aux sentiments et aux passions, elle doit aussi diriger notre mode d'action. La mettre d'accord avec les exigences de la vie est affaire d'habitude ; le tout est de voir clair dans le gouvernement de ses actes.

D'après Fénelon, « l'homme s'attache à la vie autant par ses douleurs que par ses prospérités » ; ne pourrait-on pas ajouter qu'il s'y attache aussi par le bon emploi qu'il en fait ? Rien ne la lui rend plus douce et plus sereine. C'en est le lien le plus fort et le plus solidement établi.

LII

Qui se hâte trop finit tard ; c'est en se précipitant qu'on retarde sa marche.

Il n'est personne qui n'ait été saisi de cette vérité, en mainte occasion. En agissant avec mesure en tout, en conservant son calme, même en temps de presse, on arrive sûrement et plus vite que le brouillon qui bouscule gens et choses, court, va, vient et finalement s'affole, en n'aboutissant à rien.

Voyez l'ouvrière ! En se pressant trop, elle casse fil, aiguille, ou allonge un coup de ciseaux en plus du nécessaire. Elle passera plus de temps à remplacer le fil ou l'aiguille, que si elle eût accompli son travail d'un mouvement modéré ; heureuse s'estimera-t-elle, s'il ne lui est pas arrivé de gâcher son ouvrage.

L'écolier, lui, fait courir la plume plus que de raison ; elle vole, gratte le papier, se casse en lançant un pâté ; résultat final : fautes de français, d'orthographe, écriture illisible, ensemble déplorable pour l'œil ; alors qu'il croit avoir fini, il est souvent obligé de recommencer. Presque toujours après avoir passé un temps notable à corriger les fautes, à effacer les taches ou à débrouiller son écriture, il s'aperçoit du peu de valeur de son travail.

« Ne coupez pas ce que vous pouvez dénouer »,
disait Joubert. Il avait raison : en coupant, on perd;
en dénouant, on conserve.

En toutes choses, le chemin qui semble le plus
long, au premier abord, est ordinairement le plus
court et le plus sûr. Qui court trop vite se heurte à
tout, butte et tombe. Il ne voit rien, n'entend rien,
et revient au point de départ, pas plus avancé
qu'auparavant. « Hâtez-vous lentement », dit Boileau. C'est une manière d'enseigner qu'en ne perdant point son temps, on fait bien ce qu'on fait,
sans qu'il soit nécessaire de se presser.

Il est d'un esprit pondéré de savoir modérer ses
élans, d'agir posément, en considérant froidement
la tâche à remplir : celui-là est sûr de la mener
à bien.

Tout de suite, la route lui paraît longue; il
lui semble qu'il arrivera moins vite. Mais peu à
peu il s'aperçoit qu'il a acquis une certaine habileté.
En allant à pas comptés, il a mieux vu, mieux
apprécié, observation qui lui permet d'éviter des
fautes qu'une course plus rapide lui eût nécessairement fait commettre. Il gagne ainsi une adresse et
une justesse de vue que l'homme pressé ne connaîtra jamais.

LIII

Petit homme abat grand chêne.

Rien n'est impossible à qui veut résolument.
« Avec un levier je soulèverais le monde », disait
Archimède ; la volonté de l'homme est un levier
d'une puissance capitale, l'important est de savoir
s'en servir.

L'homme si petit, si on le compare aux forces
dont il s'est rendu maître, arrive peu à peu, par sa
ténacité, son intelligence et son esprit d'observation,
à faire des choses merveilleuses. Les progrès en
sciences, dont notre société moderne s'honore, sont
là pour en témoigner. Citons en passant un mot
d'une femme d'esprit [1] : « Dieu a livré à l'homme
la matière première. L'homme ne commence rien,
mais il développe et continue tout. »

Qu'est-ce à dire, si ce n'est qu'en accordant une
direction intelligente à notre énergie, nous doublons
notre valeur morale et nos forces musculaires, pour
accomplir les lois de la Providence ?

Un homme de petite taille abat un chêne grand
et fort, pour transformer ce géant des forêts en une
foule d'objets utiles à la vie. Il soumet à sa puissance le cheval indompté, les animaux féroces.
Pardon de ces lieux communs, comme point de

1. Mme Swetchine.

comparaison ; mais ils sont, et resteront, la preuve frappante de la force de la volonté de l'homme.

S'il peut décupler ainsi ses forces corporelles pour soumettre animaux et choses à ses lois, ne pourrait-il, de même, diriger son esprit et son cœur, quoi qu'il lui coûte, au milieu d'alarmes vives, d'émotions délicieuses ou pénibles ? En action comme en morale, il suffit de savoir être maître de soi-même. Aussi bien, ce n'est pas l'œuvre d'un jour, ni le travail facile et doux dont notre nature aimerait à s'occuper ; c'est plutôt un travail constant : œuvre lente, pénible, continue, qui n'admet ni les défaillances, ni les cris d'effroi, aux heurts du chemin, mais demande un courage viril, véritable marque de la force.

Ne pourrait-on pas comparer l'homme de volonté à un petit enfant, dont les pas, quoique mal assurés encore, ne l'empêchent point de s'aventurer sur un chemin caillouteux ? Il avance d'abord lentement, en trébuchant de ci et de là ; puis, devenant un peu plus leste, il débrouille sa marche, et en arrive à sauter vivement au but. Ainsi agit l'homme soucieux de réussir ; d'abord, il avance difficilement, se heurte souvent aux obstacles ; alors, devenant plus expert, il se joue avec les difficultés et arrive sûrement au point qu'il a visé.

L'énergie seule fait les hommes de caractère ; et c'est la volonté qui les développe selon les circonstances.

LIV

Il ne faut pas dire : « Chacun pour soi, Dieu pour tous » ; mais bien : « Chacun pour tous et tous pour Dieu. »

Dire : « Chacun pour soi », c'est faire bon marché des lois divines et humaines, établissant que nous sommes tous frères, c'est-à-dire solidaires les uns des autres. Ajouter : « Dieu pour tous », c'est se décharger fort légèrement du soin d'accomplir son devoir. En un mot, c'est méconnaître le principe de la charité qui veut que nous nous aimions les uns les autres, selon le précepte de l'Evangile.

Il est tout naturel de travailler pour soi, de s'occuper de ses propres intérêts ; recommandation bien inutile, je pense : nul ne s'oublie ni ne songe à se mettre sérieusement de côté. Mais il est généreux et délicat de ne point laisser nos frères dans le besoin ; de chercher à leur venir en aide, selon nos moyens ; de les soulager dans leurs souffrances, autant qu'on le peut, et de les consoler dans leur chagrin. Considérer les autres comme d'autres nous-mêmes, c'est le principe fondamental de la fraternité que personne ne devrait méconnaître.

Chacun pour tous : voilà la loi, établissant la solidarité sociale et la confraternité ; loi qui nous crée des obligations sacrées, puisque nous reconnaissons que nous sommes tous égaux devant Dieu et devant les hommes.

Agir en frères, c'est l'œuvre par excellence. Nous n'en sommes pas si éloignés quand nous laissons l'amour-propre ou l'ambition de côté. Ce qui retient l'homme, souvent, d'aller spontanément vers l'homme, de lui tendre la main, de lui sourire, de l'attirer vers lui, n'est qu'une sotte question de vanité. Otons-la de notre nature, et nous nous trouverons réellement bons. Est-ce qu'il ne nous est pas naturel d'aimer et de vouloir être aimés? Au fond de nous-mêmes, nous faisons trop de cas de l'âme humaine, pour qu'il en soit autrement. « Nous avons une si grande idée de l'âme de l'homme, que nous ne pouvons souffrir d'en être méprisés, et de n'être pas dans l'estime d'une âme. Toute la félicité des hommes consiste dans cette estime [1]. » N'est-ce pas très vrai? Ne travaillons-nous pas sans cesse en vue de l'opinion, cette reine du monde? En y mettant un peu moins de satisfaction personnelle, et un peu plus d'amour de l'humanité, nous accomplirons la grande loi de la charité.

« Tous pour Dieu. » Nous venons de Dieu et nous retournerons à Dieu. Tel est le principe de la foi au fond du cœur de l'homme; foi qui le soutient dans ses luttes, et lui fait désirer que toutes ses œuvres soient bonnes, afin qu'il en puisse rendre un compte fidèle au Créateur de toutes choses.

1. Pascal, *Pensées.*

LV

Pierre qui roule n'amasse pas mousse.

Les pierres moussues changent peu ou point de place; c'est en vertu de cette inertie qu'on les voit se recouvrir, petit à petit, de l'enveloppe d'émeraude qui les rend si séduisantes aux regards de ceux qui savent voir. Ce n'est pas tout. Souvent des herbes légères les entourent, semblant vouloir les retenir là où elles ont été posées; vraiment, elles en complètent élégamment la fraîche toilette.

N'est-ce pas une charmante image des gens modestes, sachant se plaire dans la position qui leur a été assignée par la Providence ? Ils amassent, peu à peu, quelques petites économies, dont le premier emploi est de fournir un abri à leurs vieux jours. Abri auquel vient se joindre, le cas échéant, le modeste enclos qui, tout en l'entourant, attache leurs propriétaires à ce coin, fruit de leurs travaux et de leurs épargnes. Ils se sont plu au toit de leurs pères; ils ont fini, à force de persévérance, d'adresse et de bonne volonté, par agrandir ce petit domaine.

La mousse, pour eux, c'est l'abri, le pain assuré; les brins d'herbe, quelques aises qu'ils finissent par pouvoir se donner, grâce à une sage direction dans leurs petites affaires.

Bien autre est la vie des gens avides de changement, s'imaginant qu'ils feront de meilleures
affaires ailleurs qu'en leur pays. C'est presque
toujours le contraire qui arrive. On a caractérisé
cet amour du changement par cet adage : « Douze
métiers, treize misères. »

Est-ce à dire qu'il est blâmable de chercher à se
créer une autre position, quand celle que nous
avons choisie ne suffit pas à nos besoins ? Evidemment non. Ce qui l'est, c'est d'agir inconsidérément,
désirant satisfaire des fantaisies sans cesse renais-
santes. Savoir se contenter de sa place au soleil du
bon Dieu, chercher à y rendre son nid plus doux,
est autrement sûr que de se créer des idées chimé-
riques sur une position dont les avantages n'exis-
tent souvent que dans les illusions qu'on s'en fait.
« Le ciel du pays est toujours le plus doux. » C'est
aussi le plus certain : on s'y est créé des relations
de longue date ; on y a gagné des sympathies
vraies, fondées sur l'estime des uns et des autres,
et sur le souvenir de nos ancêtres. Là où ils ont
lutté, nous lutterons comme eux.

LVI

**Les babillards ressemblent à ces vases qui,
plus ils sont vides, plus ils résonnent.**

Ecoutez le ruisselet babillard ; il vous amuse
d'abord de son murmure ; il réjouit votre regard
par sa limpidité, comme il a ravi votre oreille de
son gentil glouglou.

Mais si vous restez quelques heures sur ses bords,
la monotonie de son babil vous énerve, ne laissant,
ni au cœur ni à l'esprit, rien qui puisse séduire.
Du bruit, du vide, c'est tout ce qui reste de ce
voisinage dont les charmes, ainsi que les éphémères, n'ont fait que passer sans laisser de traces.

Il en est de même du babillard. Le désir de se
répandre fait qu'il parle à tort et à travers. Etourdi
de ses paroles dont il n'écoute que le son, il en
laisse échapper le sens. Ainsi que le ruisselet, il a
fait quelque bruit, et laissé beaucoup de vide.
L'auditeur, attiré par un babil plus ou moins élé-
gant, et presque toujours facile, se lasse vite d'un
verbiage sans portée, qui l'énerve et le fatigue sans
but ni profit pour personne.

Un phénomène assez curieux, c'est que le bavard
oublie facilement. Il parle sans penser, sans cher-

cher à pénétrer la portée de ce qu'il dit : c'est pourquoi il est presque toujours dangereux. Une fois lancé, il ne s'appartient plus ; disant aussi bien le mauvais que le bon, il dirige ses coups d'épingle de droite et de gauche, sans aucun discernement. Quand son esprit est délié, jugez du chemin qu'il parcourt et du dommage qu'il peut causer !

Relevé cette pensée de Mᵐᵉ Swetchine : « La conversation est une arène dans laquelle on doit vaincre à la course avec légèreté ; mais il n'est permis d'arrêter son adversaire qu'en lui jetant des pommes d'or. »

Les convenances, le bon ton, sont à peu près inconnus à l'esprit léger ; il ne se rend jamais compte de ce qu'il dit. Tout au plaisir de babiller, il néglige la prudence qui fait taire à propos ; il oublie que la bonté répugne au mot malin, s'il est blessant ; et, enfin, que l'esprit de charité et de confraternité commande qu'on agisse avec les autres comme on voudrait qu'ils agissent pour nous.

LVII

**A grand bon marché, réfléchis avant d'acheter :
ce qui coûte peu est cher, dès que ce n'est
pas une chose utile.**

Chercher à acheter un objet d'un prix au-dessous
de sa valeur, est un acte aussi indélicat que d'engager le vendeur à se prêter à ce commerce illégal.
Il en résulte deux torts sérieux : on avilit sa conscience, et l'on risque de faire un faux marché.

On avilit sa conscience. Obtenir, par ruse ou
finesse, une marchandise au-dessous de son prix
est un vol, lors même que le commerçant finit par
la céder pour la somme que vous lui en offrez. Il
n'est ni juste ni loyal de profiter de sa faiblesse,
souvent de sa détresse, au profit de nos intérêts
personnels.

En second lieu, il peut se faire qu'en nous laissant
tenter par un bon marché, nous soyons les premiers trompés. Pourquoi le vendeur risquerait-il
ses intérêts dans le seul but de vous être agréable ?
S'il n'a pas une raison motivée, ainsi qu'il est dit
plus haut, c'est que sa marchandise n'a pas la
valeur qu'il lui attribue ; dès lors vous faites un
faux marché.

Entre le vendeur et l'acheteur, il convient de placer ce dilemme : « Ou je profite d'un moment de gêne du commerçant pour obtenir ce que je veux, donc je manque à la probité. Ou, s'il m'accorde trop facilement l'objet pour le prix que je lui en offre, je suis trompé. » Dans la première alternative, mettons notre conscience en avant; dans la seconde, plaçons-y la prudence.

« Deux choses instruisent l'homme de toute sa nature : l'instinct et l'expérience [1]. » Ces deux choses-là ne le guident-elles pas dans la direction de ses désirs? L'instinct, pas toujours; l'expérience, souvent. C'est plutôt cette dernière qui l'avertit du tort qu'il se causera, s'il achète un objet inutile dans le moment, sous le fallacieux prétexte qu'il n'est pas cher. Il est au-dessous de sa valeur, admettons-le. Mais il restera inemployé. Est-ce en prévision de l'avenir? Il est douteux qu'il nous rende plus tard le service que nous serions en droit d'en attendre. Ou il sera démodé, ou bien il sera détérioré au point d'être mis hors d'usage : double alternative qui devrait nous aider à réfléchir avant d'agir.

En achats, c'est un peu comme en paroles; il est bon d'y penser sept fois avant de s'y décider.

1. Pascal.

LVIII

Tout cède aux efforts d'un travail obstiné.

Il est rare qu'un travailleur persévérant n'arrive point à réussir ; ce qu'il n'obtient pas aujourd'hui, il l'obtiendra demain. Nous n'avons qu'à regarder autour de nous, pour nous convaincre de ce que peut la force de volonté. Voyez l'ouvrier ! Il ajuste, combine, ajoute à ses pièces ou les rogne ; il ne perd ni une minute, ni l'occasion de rectifier. Tout à son œuvre, s'il ne réussit pas après plusieurs combinaisons, il s'arrête pour s'y reprendre un peu plus tard. A coup sûr, il y a un moyen ; il s'agit de le trouver : c'est vers ce but qu'il concentre sa force d'action et l'activité de son intelligence.

Qu'il est intéressant à voir de près, l'homme ne se rebutant ni des obstacles qu'il rencontre, ni de la peine qu'il se donne ! Il rêve, il médite, et il ramène d'une façon absolue les sources vives de son esprit à la production de son œuvre. De plus, il est d'un encourageant exemple pour ses descendants. Ceux-ci ne pourront plus invoquer, ainsi que le fait souvent l'homme faible, l'impossibilité, sans se sentir humiliés, s'ils ont un peu de cœur. En vérité, ce que l'un a pu par sa seule force de volonté, pourquoi l'autre ne le ferait-il pas à moyens égaux ? Argument sans réplique, la plupart du temps. L'homme de volonté ne compte que sur lui-même. Il commande à ses sentiments, ne les laissant pas s'amollir ; il gouverne ses hésitations, en brisant d'une main de fer le motif capable de les faire surgir. Enfin, il soumet ses passions à la raison ; tandis que la persévérance est le puissant levier dont il se sert pour arriver à ses fins.

Aussi, comme il se sent dédommagé des efforts qu'il a faits ou des peines qu'il s'est données quand il a réussi ! Sa joie est pure, souvent doublée du bonheur des siens, qui l'admirent, et de celui d'avoir travaillé au bien de l'humanité, quand il s'agit d'une œuvre durable.

Invoquons ici une pensée de Pascal : « La douceur de la gloire est si grande, qu'à quelque chose qu'on l'attache, même à la mort, on l'aime. »

L'essentiel est qu'elle soit noble et due à nos mérites. Pour cela, il est bon de fortifier notre volonté, de l'élever et de la maintenir haut et ferme, afin qu'elle règne en souveraine sur nos instincts, nos penchants et même sur nos sensations. Il convient aussi d'envisager froidement les choses de la vie, et nous serons moins souvent ballottés par des incertitudes ou des désirs contradictoires, lesquels annihilent les forces vitales de l'âme.

LIX

Les petits ruisseaux font les grandes rivières.

Le filet d'eau limpide, jaillissant de la roche, court et forme le ruisselet que la main d'un enfant peut arrêter dans sa marche. Tout petit qu'il est, il se rend à la rivière. Celle-ci, aux bords sinueux, après quelques détours plus ou moins prononcés, arrive à la vallée, fait tourner les moulins, remplit l'écluse, alimente le lavoir du village, pour aboutir au fleuve majestueux, lent ou rapide, tributaire lui-même de l'Océan.

Image séduisante de la marche des produits divers dus à l'activité de l'homme, comme de ses richesses intellectuelles et morales. C'est aussi l'image de la modeste épargne de l'ouvrier, de la rente acquise par l'industriel ou le commerçant, allant aux différentes caisses d'un pays qu'elles alimentent de leur appoint.

De même, le léger bagage intellectuel de l'élève se grossit aux écoles supérieures d'un Etat, soit pour former des maîtres capables d'instruire la jeunesse, soit pour remplir les charges multiples, nommées libérales, dont un pays s'honore.

Tous concourent, à des titres divers, au déploiement des forces d'une nation, comme à sa prospérité. Ainsi dans la famille : la femme économe qui mettrait seulement un sou de côté chaque jour, ou une petite somme destinée à acheter une fantaisie, quand le désir se manifeste, serait tout étonnée, à la fin de l'année, d'avoir en sa possession la somme rondelette qu'elle aurait amassée au jour le jour. Les petites maisons se trouveraient fort bien de cette épargne.

La part du pauvre n'est pas oubliée dans une économie bien entendue : c'est là le côté moral.

Une dame riche avait pour habitude de confectionner, chaque été, à la campagne, bon nombre de tricots pour les gens du village, lequel était situé au pied de son château. Elle employait à cette œuvre charitable de bonnes amies qui trouvaient, dans ce travail, la double satisfaction : de plaire à la gracieuse châtelaine, et de bien employer le temps. Ces chauds tricots, confortables pour les vieux, et gentils à plaisir pour les jeunes, étaient mis en réserve pour l'hiver.

Avant de rentrer à Paris, la répartition en était faite gracieusement, d'après les besoins de chacun, et la dame disait gaiement : « Il me semble que j'aurai moins froid, sachant tous *les miens* chaudement vêtus pour l'hiver. » Sa modestie lui faisait taire qu'elle acquérait une richesse d'une valeur incontestable : la joie de faire des heureux. L'origine en est très modeste, pourtant ; mais en toutes choses : « Les petits ruisseaux font les grandes rivières. »

LX

La prière fortifie, console et élève l'âme.

La prière est un des premiers élans qui sort du cœur de l'homme ; il lui est aussi naturel de prier que de respirer. Le regard de l'enfant vers sa mère, n'est-ce pas une prière ? pour muette qu'elle soit, elle entre au plus profond du cœur maternel. Aussi son amour, lui révélant les limites de son pouvoir, croit suppléer à cette impuissance en apprenant à son fils à balbutier le nom de Dieu ; plus tard, à prier l'Auteur de toutes choses.

C'est encore son instinct maternel qui lui montre la force de la prière. La nature humaine n'y reste pas insensible, sauf quelques exceptions. La voix qui supplie, le geste qui implore, le cœur ému qui sollicite, touchent celui auquel ils s'adressent. Dieu, la bonté même, pourrait-il y rester insensible ?

Le fait même de la prière fortifie. Ecoutez ce qu'en dit Lamartine : « Il m'a toujours semblé que la prière, cet instinct si vrai de notre impuissante nature, était la seule force réelle ou du moins la plus grande force de l'homme [1]. »

1. Lamartine, *Voyage en Orient.*

Ne vous est-il pas arrivé, après avoir raconté vos luttes, vos défaillances à un ami, de vous sentir le cœur plus léger ? Le courage renaît, l'espérance revient, et nous nous sentons plus forts à continuer la vie de combats qui nous est faite. Si l'homme peut ainsi alléger le poids de nos chagrins, que sera-ce du Consolateur suprême, lorsque nous l'aurons imploré de cœur ?

On entend dire : A quoi bon prier ? Dieu ne s'occupe pas de nous, infimes créatures. La réponse est là. « On pense à l'action de Dieu dans les grandes choses, disait Mme Swetchine, on l'exclut dans les petites ; on oublie que le maître de l'éternité est aussi le maître des heures. »

Si la prière console, elle ramène l'espérance au cœur, cette richesse du pauvre comme celle de l'affligé. N'est-ce pas un don précieux accordé par la Providence à l'humanité ? Un autre bienfait de la prière, c'est qu'en mettant l'âme en communication avec Dieu, elle l'élève et la purifie. Quand l'homme a plongé son œil dans l'infini des cieux, cherchant de cœur Celui auquel il se confie, il se sent consolé de sa misère, et plus fort pour la lutte.

La paix est encore une des douces conséquences de la prière.

LXI

Ne courons pas après le bonheur, nous ne l'attraperons pas. Il n'est pas ici ou là, il est au dedans de nous.

On l'a dit souvent : « Le bonheur est au dedans de nous-mêmes. » L'expérience prouve la vérité de cet axiome. Les uns font consister le bonheur dans la possession des richesses ; les autres dans les honneurs ou la culture la plus élevée de l'intelligence ; chacun croit le trouver dans ce qui flatte le goût. Le bonheur n'est jamais essentiellement vrai par lui-même ; il est relatif. Ainsi, il n'est point ici ou là ; il se trouve, si l'on veut, dans une direction droite et pure des désirs légitimes de l'homme ; dans sa patience à supporter les malheurs de la vie, ou les infirmités inhérentes à la nature humaine, et dans la joie d'une bonne conscience.

Tous les biens enviables ne sauraient empêcher l'humanité de souffrir : les maladies, les accidents, la mort cruelle qui nous ravit l'affection d'êtres aimés, sont autant de maux qui affligent l'homme dans n'importe quelle position.

La force de caractère, que l'homme acquiert surtout dans une vie honnête et laborieuse, l'aide à envisager froidement les misères de la vie. Une seule chose le rendrait malheureux : c'est de n'être pas un homme de bien. S'il a su l'être, s'il a trouvé dans l'accomplissement de son devoir un témoignage satisfaisant de sa conscience, il aura la paix, seul bonheur qu'il soit loisible à l'homme de se donner.

La paix intime amène aussi des goûts modestes, la bonté du cœur et l'indulgence, de même qu'elle exclut l'enthousiasme exagéré. Considérant les faits et les choses d'un œil calme, l'homme de bien n'éparpille point à droite ni à gauche les dons précieux de son intelligence ; il les conserve avec un soin jaloux, afin de les exploiter, au besoin, au profit de la vie qu'il s'est faite.

Suivons un instant cette pensée de Joubert : « Ne vous exagérez pas les maux de la vie, et n'en méconnaissez pas les biens, si vous voulez être heureux. » Il est donc bien vrai que le bonheur réel se trouve dans la façon dont on envisage les choses, et dans la manière de diriger sa vie. Il est aussi, il est surtout, dans le calme d'une bonne conscience.

Faites bien, et vous serez heureux.

LXII

Rien de plus doux qu'un ami véritable ! On le cherche quelquefois longtemps avant de le trouver ; mais une fois qu'on le possède, conservons-le précieusement ; c'est un trésor qu'on ne rencontre pas deux fois.

Nous ne saurions mieux commencer l'explication de ce texte qu'en citant notre bon La Fontaine :

> « Qu'un ami véritable est une douce chose !
> « Il cherche nos besoins au fond de notre cœur,
> > « Il nous épargne la pudeur
> > « De les lui découvrir nous-même.
> > « Un souffle, un rien, tout lui fait peur,
> > « Quand il s'agit de ce qu'il aime. »

Que pourrait-on ajouter à cette définition fine et délicate du caractère de l'ami ? Un ami vrai, c'est un autre nous-même : il souffre de nos peines, se réjouit de nos joies et s'enthousiasme de nos succès. Où il n'est pas, c'est la solitude, le vide ; où il est, c'est la vie, le charme : tout est là !

L'ami, c'est celui qui ne se sent pas trop nécessaire quand rien ne nous manque, qui s'effacerait au besoin pour nous laisser meilleure place ; mais si l'épreuve nous atteint, il est là le premier, restant fidèle malgré tout ; toujours prêt à prendre sa part de nos ennuis, à les diminuer s'il le peut ;

enfin, à chercher à les adoucir, en nous consolant de son affectueuse tendresse, et en les rendant moins amers par sa constante sollicitude. Si notre ami ne ressemble pas à ce portrait, ne croyez pas à son amitié, lors même qu'il vous affirmerait qu'il vous aime. En amitié, les témoignages seuls sont valables.

Il est bon de citer ici Chênedollé :

> « Heureux qui rencontre un ami !
> « Sans cet autre soi-même, on ne vit qu'à demi :
> « Amitié, nœud sacré, pur hymen de deux âmes. »

Quel charme dans ces confidences de deux à deux ! En épanchant le trop plein de son cœur, en racontant ses luttes, ses déceptions, on y trouve un courage nouveau, et l'espérance renaît en notre âme. Si à raconter ses peines on les soulage, c'est surtout dans le cœur d'un ami qu'on rencontre ce bienfait. Le partage de la joie la rend plus pure, comme la confidence d'un chagrin le rend moins amer.

Notre fabuliste a dit aussi, en parlant de l'amitié : « Rien n'est plus commun que le nom, rien n'est plus rare que la chose. » Si l'on a fait un abus de mot, c'est assurément pour celui-là. On donne le titre d'ami fort légèrement ; aussi, dans bien des cas, il n'a aucune valeur.

C'est pourquoi l'ami est un trésor, qu'il faut bien se garder de laisser échapper quand nous l'avons rencontré. Et si la fatalité rompt ces liens sacrés, résignons-nous : le véritable ami se rencontre rarement deux fois,

LXIII

**On résiste quelquefois à celui qui impose ;
rarement à celui qui inspire [1].**

Imposer par un air noble et majestueux, par une
fortune solidement établie, ou par un mérite réel,
c'est soumettre l'esprit des autres à ses lois, en
s'attirant un certain respect dû aux avantages ci-
dessus énoncés.

L'esprit peut être subjugué, soit ; mais le cœur
souvent reste froid. On admire, on envie quelquefois, et c'est tout.

Inspirer, c'est pénétrer profondément l'âme ; c'est
gagner le cœur. Quand nous possédons ce don précieux, nos sentiments, nos pensées se communi-
quent aux autres et attirent leur confiance.

Tandis que la majesté de l'un subjugue, exalte,
la mansuétude de l'autre touche et convainc. Au
premier, on rend hommage ; au second, on donne
son affection, se traduisant souvent par un attache-
ment profond. En un mot, on devient son homme,
sa chose. Il nous a pris tout entier, parce qu'il a
touché notre cœur.

1, Lamartine,

Je ne sais plus qui a dit : « C'est en parlant au cœur, c'est par la grâce, le charme et l'attrait qu'on arrive le plus souvent à ses fins. » Rien n'est plus vrai. Entre deux maîtres dont l'un impose par son savoir, sa ferme discipline, son air fier et digne, et un autre dont la douceur va droit au cœur, ou dont l'autorité est tempérée par un ton affable et des manières bienveillantes ; qui est toujours prêt à écouter le timide, à soutenir le faible, quand sa volonté chancelle, ou à remettre aimablement l'enfant léger en sa voie, quand il s'en écarte, il n'est pas douteux que le second obtienne un meilleur résultat, en son œuvre éducatrice, que le premier.

On obéira au maître imposant, parce qu'il le faut, c'est l'ordre ; on suivra les instructions de l'autre parce qu'on l'aime : là est tout le secret de l'attrait que nous ressentons pour le véritable éducateur. D'où il ressort, qu'à mérite égal, l'homme bon et affable fera plus d'adeptes que celui qui, par un maintien froid et réservé, semble vous tenir constamment à distance.

La dignité n'empêche pas la bonté, pas plus que celle-ci n'exclut la noblesse des sentiments, soutenue d'une sorte de fierté, laquelle n'admet point la familiarité : le lien entre ces deux vertus est la mansuétude et l'amabilité, gagnant tout de suite les cœurs.

LXIV

La pauvreté n'est pas une vertu ; mais c'en est une grande de savoir la supporter noblement.

On ne recherche pas la pauvreté ; on la fuirait plutôt si l'on pouvait. Personne ne l'ambitionne. N'est pas riche qui veut, lors même qu'on le désire le plus vivement ; aussi, on ne peut nommer vertu un état que nous ne désirons point obtenir.

Ce qui en est une, et une grande, c'est de supporter fièrement la pauvreté, lorsqu'elle est notre lot. Rien n'est plus touchant à voir que les cœurs nobles et fiers, privés de tout le confort de la vie. Ils ne se plaignent jamais, et ne veulent pas qu'on les plaigne, ni souffrir qu'on les aide. Ils se font un point d'honneur de n'éprouver aucun de ces besoins factices, semblant indispensables à tant d'autres.

Que si, par un élan du cœur, voyant leur dénûment, vous vous risquez de leur offrir, discrètement et délicatement, de faire cesser leur gêne, ils vous répondront qu'ils n'ont besoin de rien. Quelques-uns, même, paraîtront étonnés, et quelque peu froissés, que vous puissiez connaître leur détresse.

La noblesse du cœur a de ces délicatesses dans la privation, inconnues à mille autres, jouissant des douceurs d'une vie confortable comme choses dues. A ces âmes vaillantes et délicates, si nous opposons les exploiteurs de la charité publique, faisant un métier de leur misère pour attirer l'aumône, ou seulement ces âmes vénales, ne craignant pas de capter par tous les moyens possibles, et plus ou moins honnêtes, la trop facile confiance des gens charitables, nous ne pouvons qu'admirer les uns et flétrir les autres de notre mépris.

Qui sait se contenter de peu, ne se crée point de ces besoins factices dont l'attrait réside plutôt dans l'imagination qu'en réalité. C'est si vrai, qu'aussitôt qu'un désir est satisfait, on en voit poindre un autre, et ainsi de suite. L'esprit de l'homme est insatiable, si l'on ne sait mettre un frein à ses aspirations. La soif des jouissances semble-t-elle lui apporter le bonheur? il les recherche avec avidité, et quand il en a goûté quelques-unes, il en veut d'autres encore. Soif inextinguible, ignorée de ceux qui se placent au-dessus de ces mille nécessités de l'existence qui l'alourdissent, sans jamais la satisfaire.

LXV

Les plaisirs sont comme les aliments ; les plus simples sont ceux dont on se dégoûte le moins.

A la suite d'un repas de fête, ne vous est-il pas arrivé, même quoique très sobre, de vous sentir tout heureux de retrouver votre petit ordinaire ? Il est bon de se reposer de ces mets épicés, excitants ; de ces sucreries qui altèrent, en desséchant le gosier ; et aussi de certains vins, soi-disant capiteux, dont on se fait gloire de savoir goûter les crus, et pourtant dont les moins funestes effets sont de troubler la digestion et d'embrouiller le cerveau. On revient donc avec une vraie satisfaction à la soupe aux légumes, au vin du cru, très étendu d'eau, et aux fruits savoureux, composant notre très modeste table journalière.

Ce bien-être ressenti fait désirer aux gens sensés une vie simple et frugale.

Il en est de même des autres plaisirs : les plus raffinés ou les plus bruyants ne sont pas ceux qui laissent le meilleur souvenir ; ainsi que les aliments, plus ils sont simples, plus on les recherche, et moins ils sont oubliables.

Un repas champêtre, une lecture choisie, l'audition d'une musique attrayante, un travail d'art ou de pur agrément, sont autant de plaisirs purs, tout pleins de charmes, ne traînant après eux aucun amer souvenir ; car ils laissent notre cœur calme, reposent notre esprit sans l'exciter, en alimentant ses aspirations diverses.

N'est-ce pas d'une bonne philosophie de s'en tenir aux charmes d'une vie modeste et douce ; de la préférer aux fêtes tumultueuses, plus faites pour satisfaire le vanité que pour offrir des distractions agréables ? Les hommes bien pensants, sérieux, se sont rarement plu dans les fêtes mondaines ; la retraite, réjouie par quelques bons amis, leur a toujours paru préférable.

C'est dans la solitude que l'homme se recueille, se cultive et se connaît : là, il ne se perd jamais entièrement de vue, condition essentielle pour rester maître de soi, soumettre les puissances de son âme à la raison et à la vérité. Nous lisons dans Pascal : « Malgré la vue de toutes nos misères qui nous touchent, qui nous tiennent à la gorge, nous avons un instinct, que nous ne pouvons réprimer, qui nous élève. » Le calme d'une vie simple nous conservera toute la délicatesse de cet instinct, lequel deviendrait moins sûr dans le tourbillon d'une vie mondaine.

LXVI

On peut ne pas dire tout ce que l'on pense ; mais on doit toujours penser ce que l'on dit.

La pensée, aliment de l'esprit, va, vient, ou vagabonde. Nous ne sommes pas toujours maîtres de l'arrêter, pas plus que nous ne le sommes de prévoir sa marche : un rien, une idée peut la provoquer souvent d'une façon bien inattendue. Quelquefois légère, elle aborde à peine le sujet qui la frappe ; d'autres fois profonde, elle se fixe sur un point avec ténacité, y revient sans cesse, quoi que nous fassions pour l'en éloigner. Elle affecte, aussi, des allures différentes : tantôt vive, active, elle embrasse, en un moment, tout un monde d'idées ; tantôt lourde, rêveuse, elle n'aboutit à rien de bien fixe. Vague elle vient, vague elle se retire, sans laisser en nous une impression durable. Parfois, il est curieux de la voir se porter sur des objets d'un ordre élevé. Elle nous donne alors une haute idée de la puissance de l'esprit de l'homme. Ou bien, s'abaissant sur ceux d'un ordre inférieur, elle nous fait découvrir un abîme de misères.

La plus admirable faculté de la pensée, c'est la mobilité. Tantôt le souvenir nous porte à revivre dans le passé, ou à vouloir scruter l'avenir. Tantôt il nous fait vivre avec les chers absents, en nous ramenant les choses douloureuses ou les choses heureuses, auxquelles ils ont été mêlés.

Avec des allures si diverses, il nous est facile de comprendre que nous n'en sommes pas toujours les maîtres. Ne pouvant la diriger à notre gré, lorsqu'elle nous pousse à juger les actes des autres d'une manière défavorable, nous ne sommes pas tenus de leur en rendre compte.

Quant à penser ce que l'on dit, c'est une autre affaire. Si nous ne pouvons pas toujours gouverner notre pensée, nous sommes les maîtres de la parole : à ce titre, il nous est loisible de garder pour nous une opinion qui serait pénible aux autres, quand il n'est pas nécessaire de la leur faire connaître, ou simplement si elle pouvait leur être désagréable. Il est loyal de ne jamais parler contre sa pensée, ne l'oublions point.

Agir autrement serait indélicat et peu honorable pour notre dignité. Un silence prudent, dans bien des occasions, nous aidera à ne pas manquer à la vérité. Gardons-nous aussi, sous prétexte de franchise, de dire des choses brutales et froissantes pour ceux auxquels elles s'adressent.

L'amour de la vérité s'accorde parfaitement avec une politesse aimable. Un peu de tact et de cœur sont nos meilleurs guides à cet égard; car si une franchise brutale montre peu d'éducation, elle prouve presque toujours un mauvais cœur.

LXVII

**L'ordre va avec poids et mesure ; le désordre
est toujours pressé.**

Aller avec poids et mesure, c'est régler son temps,
donner à chaque objet la place qui lui convient,
gouverner ses dépenses selon ses revenus ; enfin,
avoir du coup d'œil dans les soins qu'il est bon
d'apporter aux choses d'une maison.

La personne d'ordre ne précipite rien ; elle sait
où trouver ce dont elle a besoin, ce qu'elle doit
dépenser, quelles sont les ressources qu'elle est
en voie d'attendre. Nulle n'est plus calme. Tout
viendra à point, parce qu'elle n'a pas laissé à
d'autres le soin de régler ses affaires.

Le désordre est affairé. Tel qui n'a pas d'ordre
ne sait jamais au juste où il en est ; nulle clarté
dans le gouvernement des choses. S'il a besoin
d'un objet, il fouille mille endroits avant de le rencontrer ; et Dieu sait en quel état il se trouve
quand il a mis la main dessus ! Souvent aussi, il
s'aperçoit que ses dépenses ont excédé ses recettes ;
puis, quand il veut rétablir un juste équilibre, en
se basant sur les ressources dont il dispose, il ne
sait plus par quel bout commencer ; dégoûté, il
s'embrouille de plus en plus, sans pouvoir sortir
du bourbier.

L'ordre n'a jamais connu de tels embarras.

Pourtant, il ne faudrait pas que cette qualité allât jusqu'à la manie. Signalons en passant celle de certaines personnes, poussant trop loin le soin méticuleux des objets qui leur appartiennent.

Quelle gêne de vivre dans ces intérieurs où règne un ordre aussi rigoureux ! On redoute un grain de poussière, un visiteur importun, un jour de pluie ; un ami un peu libre, venant fureter dans la bibliothèque, ou demander le prêt de quelque objet devant servir de modèle : tout gêne, tout devient ennui, tant pour le propriétaire des choses que pour le visiteur. S'il est raisonnable d'avoir de l'ordre, il ne faudrait pas que ce fût jusqu'à l'étroitesse. Voyons un peu ce qui se passe dans l'univers.

Quel ordre plus admirable que celui dont il nous sert de modèle ! Pourtant il survient des tempêtes qui troublent la belle harmonie de la nature ; les vents font rage en renversant tout ; mais après, comme tout se replace ! La Terre, au sortir d'un de ces bouleversements, semble rafraîchie et rajeunie. Tout dans l'atmosphère retrouve sa physionomie accoutumée. L'ordre momentanément troublé, en reprenant son cours, nous offre un nouveau charme.

Dans un intérieur bien ordonné, l'ordre, n'étant point poussé jusqu'à la manie, deviendra vertu. Pour cela il ne doit en rien empêcher nos élans de cœur, l'affabilité de nos réceptions ou la cordialité de notre hospitalité. Il faut que chacun puisse, en l'admirant, reconnaître ses bienfaits.

LXVIII

Voulez-vous qu'on dise du bien de vous ? n'en dites pas,

Le vrai mérite est modeste ; il s'efface, écoute et ne parle qu'à propos. L'orgueilleux ignorant, s'avance, parle sans cesse, sans écouter jamais.

Tandis qu'on recherche le premier, on évite le second. C'est que le premier, en s'effaçant, vous donne le loisir d'exprimer vos opinions ou vos pensées, sans vous couper à chaque instant la parole. Ne disant que des choses sensées, nous avons tout à gagner dans son commerce ; aussi nous lui accordons généralement toute l'estime qu'il mérite.

Le second, au contraire, nous fatigue en se proposant constamment comme exemple ; il se flatte, il se loue ; lui seul sait réussir. Pour le prouver à chacun, il énumère ses mérites, montre en toute occasion la supériorité de ses actions. Dans la chaleur de sa démonstration, il oublie de laisser parler les autres et de reconnaître qu'ils ont aussi quelque valeur. Du reste, on douterait qu'ils existassent pour lui ; lui seul au monde est quelque chose : c'est pourquoi, promenant son regard satisfait sur ses auditeurs, non pour réclamer une approbation, dont il n'a jamais douté, il cherche à mesurer dans toute son étendue l'heureux effet de son discours. Il en est tellement charmé qu'il ne s'aperçoit pas de l'ennui qu'il provoque autour de lui. De même qu'il est tout à lui, l'humanité doit l'être aussi. Heureux homme ! Il ne verra jamais que le plus clair de son mérite est celui qu'il s'attribue.

Eh bien ! puisqu'il se montre si égoïste en tout, on le laissera avec *son moi*. Il se vante, personne ne le louera. Il dit trop de bien de lui pour que quelqu'un s'avise d'en dire à son tour. Pour qu'on mérite d'être loué, il faut le gagner par nos actes et un ton modeste ; dès lors, personne n'oubliera de nous accorder ce qui nous est dû.

Notons que le vrai sentiment de justice ne peut naître qu'en des caractères humbles : il aide à trouver les qualités de ceux qui nous entourent, mieux que la suffisance et l'orgueil.

« Plus je rentre en moi-même, et plus je me consulte, a dit Rousseau, et plus je lis ces mots écrits dans mon âme : « Sois juste et tu seras « heureux. » C'est le dernier mot de la paix intime de l'homme de bien, car la justice reconnaît le mérite de chacun.

LXIX

**Voulez-vous être heureux ? aimez votre
condition et regardez au-dessous de vous.**

Savoir se contenter de sa position est une demi-
vertu ; savoir en tirer tout le parti possible est
un vrai talent. Bon nombre de gens sont assez
raisonnables pour accepter la situation qui leur est
faite avec résignation. Beaucoup d'autres, aussi,
perdent, dans le vague de désirs insensés, le profit
qu'ils pourraient en tirer.

En regardant au-dessus de soi, on se crée
des soucis, une vie inquiète, vide, et on laisse
échapper, une à une, des heures de calme, ou mille
moyens d'améliorer sa situation. Alors on oublie
d'en tirer des ressources certaines, ne se donnant
point la peine de chercher. C'est ainsi qu'on épuise
le meilleur de ses facultés, en brisant les ressorts
de son esprit dans des rêves dont la réalisation
est presque toujours impossible, et dont le plus
funeste effet est d'exciter l'envie, ce ver rongeur
dévorant le cœur, sans aucun bénéfice ni pour le
présent, ni pour l'avenir.

Mais si l'on considère de plus malheureux que
soi, ou par la position de fortune, ou par les
épreuves qu'ils ont à subir, nous nous trouverons
relativement heureux.

Le calme est ordinairement le résultat d'une vie

modeste. Plus une position est en vue, plus elle attire de jalousies, plus elle comprend de soucis et d'exigences. On y perd souvent sa liberté ou son indépendance.

Pour être heureux, il est utile de ne pas perdre de vue le côté avantageux de sa condition. Si minime qu'il soit, il y en a un ; l'essentiel est de le reconnaître et de l'exploiter.

Notez bien ceci : la joie la plus pure ne se rencontre que dans le détachement des ambitions humaines. Ce n'est pas un mince mérite que d'en arriver là. On loue souvent de hauts faits d'armes, de glorieuses actions qui ne demandent pas tant de courage que l'accomplissement de certains devoirs de la vie privée. Pour les premiers, un moment d'exaltation ou d'enthousiasme, excité par la situation, suffit quelquefois ; tandis que pour les seconds, c'est la force d'âme dans le calme d'une vie ordinaire, dépouillée de tout ce qui donne l'élan, l'héroïsme ; vie toute nue avec le sentiment de la réalité pour soutien. Rien n'aide ici que l'idée du devoir strict et sévère. On sentira tout ce qu'il faut de vrai courage pour s'en contenter, si nous nous donnons la peine de méditer cette parole de Lamartine :

« La vie est un morne silence
« Où le cœur appelle toujours. »

Donc, maîtriser l'insensibilité de son cœur n'est pas sans mérite ; c'est montrer de la force morale, force qui ne va pas sans caractère ni volonté.

LXX

**Si tu veux un serviteur fidèle et qui te plaise,
sers-toi toi-même.**

Un des mérites réels de l'homme, auquel on
n'attache pas assez d'importance, et pourtant il
n'est point sans valeur, c'est de savoir se passer
des services des autres.

Quand on n'a pas de serviteurs, on en désire ; on
voudrait pouvoir se faire servir, avoir le plaisir de
commander : on trouve que c'est bonheur. C'est un
soulagement, il est vrai ; c'est une nécessité dans
beaucoup de conditions ; mais n'oublions point que
plus les serviteurs se multiplient, plus grande est
la responsabilité, de même que les préoccupations
deviennent plus vives et plus délicates.

Dans l'ordinaire de la vie, même lorsque la position exige un nombreux personnel, ne perdons
jamais de vue que, pour garder sa liberté et son
indépendance, le moyen le plus sûr est de nous
habituer à nous servir nous-mêmes. C'est affaire
de tact dans bien des cas, c'est affaire de goût
dans d'autres, et toujours affaire de prudence.

Quoi de plus charmant que de voir la jeune fille,
ainsi que le jeune homme, s'occuper de divers

soins réclamés par leur toilette quotidienne ; remplir quelques offices d'intérieur ou de ménage, que d'autres exigent avec importance, de serviteurs plus ou moins occupés, ou même parfois de membres complaisants de la famille !

Les premiers, alertes et gais, sont toujours prêts à l'heure, parfaitement tenus ; les seconds, souvent en retard, souvent mécontents, lents et chagrins, se plaignent de tous et d'eux-mêmes au besoin. Les jeunes gens, habitués à se servir, trouvent encore le moyen de prêter main-forte, dans un moment de presse, aux serviteurs de la maison ; bien différents des autres, qui, au lieu d'apporter leur aide, réclament impérieusement les mêmes services qu'à l'ordinaire.

Dans les maisons où chacun se prête à la besogne, tout marche avec poids et mesure ; l'ordre et la paix y règnent généralement, car chacun apporte à l'occasion son contingent d'adresse et de bonne volonté !

Chez les autres, c'est le désordre, l'ennui. On y grogne sans cesse ; on s'y plaint. Les maîtres sont soucieux, ne voyant jamais le terme de leurs luttes pour la vie ; et les serviteurs, accablés de travail, se rebutent, deviennent insolents ; enfin, à bout de patience, ils quittent la maison avec soulagement, au moment même où leurs services manquent le plus.

LXXI

**Les grands hommes sont des flambeaux
qui doivent se consumer pour le genre humain** [1].

C'est le privilège des grands hommes de pouvoir être utiles à l'humanité. Ils ne sont vraiment grands qu'autant qu'ils mettent leurs lumières au service du genre humain. C'est aussi un honneur plein de douceur. N'est-on pas heureux d'être quelqu'un ? N'est-on pas fier d'apporter le fruit de ses études, de ses méditations ou de son expérience, pour en faire profiter les autres ? Il semble qu'on en jouit doublement.

Vauvenargues a dit quelque part : « Que la préférence de l'intérêt général à l'intérêt personnel est la seule définition qui soit digne de la vertu. » On pourrait appliquer cette pensée au savant. Dépositaire d'un génie qu'il a pu faire éclore et cultiver à son gré, il ne doit pas le conserver pour lui seul, mais en faire un bien commun au service de tous.

Du reste, c'est un des bons côtés du caractère des esprits profonds, d'aimer à se répandre, à se communiquer. On ne comprendrait pas une décou-

1. Cicéron.

verte importante ou une œuvre de génie, n'importe dans quels arts, destinées à rester dans le secret du cabinet d'études du savant. N'est-ce pas un des motifs de sa persévérance, à la poursuite de son œuvre, que de pouvoir la mettre au grand jour? Il semble que, sans cette idée, beaucoup d'obstacles, paraissant insurmontables, ne seraient pas franchis.

Silvio Pellico disait : « Pour se reposer de la noble fatigue d'être bon, affable et délicat, l'homme n'a que l'heure du sommeil. » On peut en dire autant de l'homme de science : flambeau de l'humanité, il n'est que le dépositaire du génie qui lui a été confié pour l'éclairer, la conduire, lui ouvrir des voies nouvelles. Toutes les heures productives de son existence appartiennent à la grande famille humaine, n'ayant en propre que ses heures de sommeil. Sa vie n'est plus à lui, elle est tout entière aux autres ; mais, à sa mort, il a l'honneur de laisser un souvenir impérissable : richesse féconde et la plus honorable que l'homme puisse léguer à l'humanité !

Les grands hommes, non seulement éclairent et guident, mais sont encore l'honneur de l'homme.

LXXII

Rien de si utile que la discussion ; rien de si dangereux que la dispute : l'une éclaire, l'autre aveugle.

De la discussion naît le choc des idées ; la lumière, dit-on, s'y fait souvent. En effet, l'un avance son opinion, un autre émet la sienne. Chacun la soutient d'après son appréciation ou le sens que son jugement lui attribue ; il sort de cette discussion des clartés inattendues, résultat de raisonnements judicieux ou mieux fondés ; de là des vérités nouvelles qui auraient pu rester dans l'ombre.

La discussion est aussi un des éléments les plus utiles pour alimenter la conversation dans la société. Si tout le monde était du même avis, par mollesse ou par indifférence, la conversation languirait et demeurerait sans attraits ; ce serait la mort de l'esprit français, si vif en saillies de toutes sortes, si fécond en réparties fines, entre gens instruits ou bien élevés.

Quelle belle puissance chez l'homme d'esprit que l'ardeur de la conviction ! Elle soulève, éclaire, renverse ; elle attire à elle les idées des autres, les retourne sous toutes les faces, et finalement les fait siennes, s'il y a lieu.

L'homme sûr de soi prend les arguments qu'on lui oppose un à un, les dissèque pour les faire servir à ses propres convictions : rien n'est fort comme la foi en ses opinions. Elle met en lumière bon nombre d'idées neuves qui, sans cette chaleur de sentiment, essence des âmes d'élite et profondément convaincues, seraient restées cachées.

La dispute obtient un résultat tout opposé. D'abord, elle obscurcit les idées au lieu de les éclairer ; elle échauffe les esprits sans raison, en les maintenant dans un sot entêtement ; ensuite elle prouve de la faiblesse dans les convictions, et montre une éducation grossière. Quand on n'est pas fort, on se fâche pour couvrir sa nullité ; ne pouvant prouver ce qu'il avance, l'homme mal élevé cache son insuffisance ou son incapacité sous des propos blessants. La brutalité des expressions suffit à elle seule pour éloigner les gens sensés et délicats.

> « Ceux de qui la conduite offre le plus à rire
> « Sont toujours sur autrui les premiers à médire [1]. »

Tournons ces vers de Molière :

> Ces gens, à l'esprit lourd, ne sachant rien prouver,
> N'ont pour tout argument que mots pour se fâcher.

La dispute éloigne sans rien prouver ; seule, la discussion plaît et attire, parce qu'elle éclaire.

---

1. Molière.

LXXIII

Il n'y a qu'un grand but dans le monde et qui mérite les efforts de l'homme, c'est le bien de l'humanité.

La philanthropie est l'amour de l'humanité. Qui aime, veut le bien de l'objet de son amour. Si le philanthrope ne vise jamais sa personnalité, en un mot, s'il ignore l'égoïsme, c'est qu'il a compris que le plus noble but qu'il soit donné à l'homme d'atteindre, c'est le bien de l'homme.

Dans toutes les choses délicates, qui touchent au cœur et à l'esprit, la Providence a caché un charme connu seulement de ceux qui savent les exploiter. Or, quel charme plus pur que celui que nous pouvons trouver dans l'amour de l'humanité? Plus le but est élevé, plus l'action de l'homme pour y atteindre est vive et féconde, et plus il trouve de ressorts dans ses ressources morales et intellectuelles. Rien n'arrête sa marche, quand il s'agit de gagner le cœur de l'homme ; son amitié, son estime, sont les seules récompenses auxquelles son âme généreuse aspire. Il est grand dans l'œuvre bienfaisante qu'il entreprend ; il est grand dans ce qu'il donne, et non moins grand dans ce qu'il en attend, ne sollicitant, en retour, qu'une affection légitime de l'homme.

« Il n'y a rien de si attractif pour les belles âmes qu'une belle âme », disait Mme Swetchine. Qui sait si ce n'est pas la recherche de ce trésor qui pousse le philanthrope dans bien des circonstances? Il sait qu'il peut rencontrer la froideur, l'insouciance et peut-être pis. Mais il espère aussi trouver une âme d'élite ; il oubliera, dès lors, toutes ses déceptions pour goûter vivement ce bonheur délicat.

L'éducation semblerait incomplète, si nous ne dirigions pas vers ce but élevé les facultés de nos jeunes enfants. L'esprit de solidarité de la grande famille humaine doit faire la plus précieuse et la plus excellente des leçons de l'éducateur.

L'homme, né pour vivre en société, se familiarisera de bonne heure à considérer les autres comme des frères, à qui il doit aide et protection au besoin, et toujours affection et tendresse. « Si l'enfance, comme dit Fénelon, est le seul âge où l'homme peut tout pour se corriger », c'est aussi le seul où il peut tout pour se former.

Vivre en bonne harmonie les uns avec les autres, faire des heureux dans la mesure du possible, n'est-ce pas le seul bonheur vrai de la vie?

Le philanthrope apprécie, à sa valeur réelle, ce devoir sacré ; c'est pourquoi il consacre tous ses efforts à concourir au bien de l'humanité.

LXXIV

Les grands vaisseaux peuvent se hasarder en pleine mer ; mais les petits bateaux doivent suivre le rivage.

Ici la pleine mer peut s'entendre du monde des grandes affaires : la diplomatie, la magistrature ou les hautes fonctions de l'Etat. Pour s'y hasarder, il est utile de s'y préparer par de fortes et de sérieuses études, ou encore s'y sentir des aptitudes.

De même qu'on frète un navire en conséquence, pour effectuer les grandes traversées, de même, l'homme doit se faire un fonds de connaissances étendues et profondes, afin de se préparer convenablement à traiter les affaires d'importance.

Les petits bateaux suivent le rivage. Ils ne sont ni construits, ni préparés pour affronter les vastes routes de l'Océan. Ils ne doivent pas perdre les côtes de vue ; c'est en suivant ce chemin tout tracé qu'ils pourront fournir les services qu'on attend d'eux.

Les positions modestes, lots du plus grand nombre, feront comme les barques ; elles ne s'aventureront pas dans les hautes affaires sociales ; elles ne pourraient plus se retrouver. Suivre les sentiers battus, prendre la voie ordinaire pour accomplir sa destinée, tel sera le partage des gens sensés, sachant comprendre quelle doit être la place qui leur convient. Laissant aux esprits forts ou profonds, aux ambitieux, aux rêveurs, les luttes de la vie, les débats de la diplomatie ou les hautes productions de l'esprit, ils se plairont dans la vie commune, la seule dans laquelle ils peuvent se mouvoir librement.

« L'homme est vain par l'estime qu'il fait des choses qui ne sont point essentielles [1]. » A plus forte raison, s'il recherche une position au-dessus de ses capacités. Il ne peut donner que ce qu'il possède ; c'est folie, à lui, de s'illusionner, en cherchant à se croire plus fort qu'il ne l'est. Tout s'écroulera autour de lui ; il ne lui restera plus, même, les ressources fournies par la confiance que chacun doit avoir pour accomplir sa tâche. Il aura perdu par sa faute cette suprême attache.

Au contraire, s'il se plaît dans la vie modeste qui lui est faite, il en connaît les ressources qu'il exploite avec avantage, sans chercher à s'aventurer dans les profondeurs d'affaires où il risque d'être submergé.

1. Pascal.

LXXV

Le savoir est moins prisable que le jugement.

Qui ne possède que de la science, sans avoir le vrai discernement des choses de la vie, ressemble à un arbre battu par la tempête ; il est soumis aux avaries des coups du sort, comme l'arbre l'est aux efforts de l'ouragan. Son savoir ne le sauve pas, dans ce cas ; il le perdrait plutôt.

Quiconque, au contraire, est pourvu d'un jugement sain et droit saura s'en tirer, quoi qu'il arrive. Sa science peut n'être pas étendue ; mais s'il a appris à observer hommes et choses, à les apprécier d'après leur valeur, il saura tirer un sage parti de son modeste bagage de connaissances, agir prudemment et éviter les coups d'un sort néfaste.

« La raison, c'est la faculté de l'absolu et du parfait en tous genres », ai-je lu quelque part. Elle guide plus sûrement l'homme que les connaissances les plus étendues, si elles ne sont soutenues par « la docte déesse. » Or, s'il ne peut pas toujours se garantir des fautes, il est outillé pour s'en tirer le mieux possible dans les circonstances périlleuses, ou seulement délicates.

L'important n'est donc pas de beaucoup savoir,

mais de bien savoir ; car un amas de connaissances mal digérées troublent l'esprit sans le nourrir ; tandis que quelques-unes seulement, bien assises, l'éclairent et l'aident à considérer sainement toute chose.

Ne voit-on pas souvent un homme de jugement, sans instruction, être à sa place partout ; tandis qu'un autre, dont l'esprit est cultivé, n'avoir que de l'éclat, ne laisser de trace nulle part ? Les esprits légers peuvent s'en trouver éblouis ; mais les gens sérieux demeurent fort indifférents à tous ces fatras, semblables au feu de paille dont les étincelles ne jaillissent que pour nous laisser dans une obscurité plus complète.

Nous croyons devoir rappeler ici que l'esprit, de même qu'une arme redoutable, entre droit au cœur et blesse profondément ceux qu'il attaque, s'il n'est pas dirigé avec tact et mesure par un caractère juste et bon.

On peut en dire autant de la science sans le jugement : elle est un danger, si elle n'est pas orientée par un esprit droit et sain.

LXXVI

Aux yeux de l'homme positif, celui qui a de l'imagination est toujours suspect d'un peu de folie.

S'il ne faut pas se laisser égarer par l'imagination, il n'est pas mauvais d'en avoir un grain. Avoir trop d'imagination peut avoir ses inconvénients, n'en point avoir assez a ses désavantages.

N'est-il pas un peu froid l'homme qui n'en a point? Etre trop positif conduit sûrement à l'égoïsme. Sans imagination, on ne peut voir les choses sous leur jour véritable. On s'arrête au moment où l'esprit s'éveille, crainte de le laisser s'égarer, étouffant ainsi l'enthousiasme, cet entraînement de toutes nos facultés vers ce qui est grand, bon ou beau. J'aime mieux un petit brin de folie dans l'esprit, pourvu qu'on ne lui laisse pas trop la bride sur le cou, s'il doit communiquer au cœur un généreux élan, qu'un esprit froid, compassé, ne sentant rien, ou ne voulant rien éprouver, de peur de se laisser entraîner un peu plus loin qu'il ne le faudrait.

Avec ceux-là, on ne sait jamais au juste ce qu'ils pensent. Ont-ils une idée vraiment à eux? Nul ne le sait. Excès de prudence prouve quelquefois plus de poltronnerie que de raison; de même, excès de positivisme montre un froid calcul, arrêtant tout élan du cœur. Est-il sérieusement capable d'une belle action celui qui calcule trop ? Toujours à mesurer ses paroles ou ses actes ; toujours circonspect, retenu par ceci ou cela, il ignore ces élans de l'esprit ou du cœur qui, rompant la monotonie de l'existence, font le charme le plus délicat des quelques bonnes heures où il nous est permis de nous montrer.

Entre un homme froid et positif, et un autre un peu bien enthousiaste, on préfère celui-ci. Le premier, ou nous glace, ou nous laisse parfaitement indifférents ; le second, lui, nous touche, nous convainc et nous entraîne. En présence d'un dévouement à accomplir, ou d'un service délicat à rendre, le premier sera encore à réfléchir s'il doit agir, que l'autre aura déjà fait l'acte. Quelqu'un a dit : « La sensibilité influe sur l'activité. » Sentir vivement, être profondément ou facilement ému, avoir des affections vives et tendres, est d'une immense importance pratique en bien comme en mal. Tant vaut notre sensibilité, tant vaut notre conduite. Soyons donc plutôt un peu fous que trop positifs ; un petit grain de folie engendre la générosité, tandis que le positivisme amène après lui presque toujours l'égoïsme. « Imagination, folle du logis, tu n'es pas aussi mauvaise que ta réputation : le bien que tu fais accomplir est plus réel, parfois, que le mal causé par ton aile légère. »

LXXVII

Soyez en garde contre votre humeur ; c'est un ennemi que vous porterez avec vous jusqu'à la mort [1].

Nul n'est d'un commerce plus agréable que l'homme à l'humeur facile et enjouée ; nul n'est de société plus ennuyeuse que l'homme se laissant dominer par sa mauvaise humeur ; il est constamment irrité, soucieux et grognon.

On recherche la société aimable du premier ; on s'y sent à l'aise. On vit agréablement avec lui ; aussi le cœur y trouve son compte, car l'homme aimable est ordinairement bon.

On fuit la société de l'autre ; on y est toujours en crainte ; mal à l'aise ; n'osant communiquer ouvertement ses impressions, de peur d'irriter une humeur trop souvent assombrie.

Outre que l'homme maussade attriste tout autour de lui, il est malheureux lui-même. Il ne sait jouir ni du bonheur des autres, ni des joies qui lui arrivent ; il est privé ainsi de ce qui fait le charme de la vie : les communications réciproques des petits bonheurs, des espérances, ou encore des peines, toujours adoucies par un épanchement intime.

L'humeur a une très grande influence sur le caractère ; c'est pourquoi il est important de la diriger dès notre jeune âge, en ne nous laissant

1. Fénelon.

jamais dominer par elle. Faisons une guerre incessante à nos emportements, à nos dédains, à nos
petites envies ou jalousies. On dit de certaines
natures qu'elles sont heureusement douées, quand
nous les rencontrons toujours d'humeur égale et
douce. Ce n'est peut-être vrai qu'à force de courage
pour combattre leurs funestes tendances.

Si nous nous laissons emporter par les humeurs
troublantes de notre esprit, souvent disposé à voir
le mal où il n'est pas, nous resterons d'humeur
difficile : de là, le mauvais caractère. Mais veuil-
lons bien, un moment, considérer froidement la
plupart des actes qui nous froissent chez les autres ;
nous serons, neuf fois sur dix, convaincus que le
plus sage parti est de glisser doucement sur leurs
erreurs, au risque de manquer de justice sur leur
compte. Lors même que notre émotion aurait pour
cause une raison légitime, le plus sensé sera encore
de ne point nous en inquiéter. Surtout ne nous
contentons pas de règles ; allons droit au but : c'est
le plus sûr moyen d'arriver à acquérir une humeur
facile, don si précieux pour tous. « La route de la
morale est longue quand on ne se nourrit que de
préceptes », a dit quelqu'un. Quand nous sentons
venir en nous une sourde irritation, tâchons de
reprendre possession de nous-mêmes, en considérant froidement le motif du trouble qui nous agite ;
nous aurons toujours lieu de nous féliciter de la
force de caractère que nous aurons montrée,

LXXVIII

La façon de donner vaut mieux que ce qu'on donne ; tel donne à pleines mains, qui n'oblige personne [1].

La valeur du don n'est pas tant dans son importance que dans la façon de l'offrir. Il est des personnes, de fortune modeste, ne pouvant donner beaucoup, mais qui doublent le prix de leur cadeau par la simplicité pleine de charmes avec laquelle elles savent l'offrir. Quelques-unes, même, donnent de manière à nous laisser croire qu'elles seraient nos obligées si nous acceptions ce qu'elles nous offrent avec élan et spontanéité : c'est le suprême de la délicatesse, ce charme inoubliable, don des belles âmes.

C'est surtout lorsqu'il s'agit d'aumônes qu'on ne saurait offrir de trop bonne grâce. De vous solliciter, le pauvre est déjà bien à plaindre ; pourquoi l'humilier d'un ton brusque, hautain, quelquefois accompagné de reproches ? C'est manquer de cœur et de tact que d'agir ainsi. On veut colorer sa brusquerie de mots banals ; mais c'est en vain : on prouve tout simplement qu'on fait l'aumône à regret. Ne donnez pas, si vous ne voulez pas, ou si vous ne

1. Corneille.

le pouvez ; mais, au nom de Dieu, n'humilions point le malheureux, obligé de recourir à la charité de ceux qui possèdent, lui, si affligé de se trouver au rang pénible du solliciteur. S'il a mérité ce triste état par son inconduite, fermons les yeux et plaignons-le ; si sa position n'est que le résultat de revers, agissons avec la plus grande délicatesse. Jamais nous ne ferons assez pour ce pauvre délaissé du sort.

Sous le fallacieux prétexte que tel pauvre ne mérite pas notre aumône, ne calculons pas trop sur ce qui nous reste à faire. En charité, il vaut mieux se tromper dix fois, en faveur d'un malhonnête homme, que de risquer une seule fois d'humilier un vrai pauvre, ou de ne point l'obliger. Ah ! pour celui-là, ayons des larmes de pitié, des élans de cœur, des mots consolateurs et discrets ; nous ne ferons jamais trop pour le dédommager du triste lot dont il a le partage. Le pauvre est un frère ; le Sauveur a été sublime dans ses maximes, suivons sans hésiter les préceptes qu'il nous donne dans l'Evangile, et nous aurons accompli la grande loi de l'amour, de la fraternité : « La prière est la porte, et l'amour est la clé [1]. » Sans amour, point de vraie charité.

Les grands cœurs donnent largement et en silence, l'oubli couvrant leurs largesses ; types de la vraie charité, selon le mot de Fénelon : « Elle ne calcule pas ; elle ouvre les bras et ferme les yeux. »

1. V. Hugo.

LXXIX

Avec le temps et le travail,
la feuille de mûrier devient satin.

En étalant, d'une part, une jolie pièce de soie, et de l'autre, en mettant une simple feuille de mûrier et un ver à soie, nous voyons d'un coup d'œil tout le parti que la science, le travail et le temps ont su tirer des choses les plus simples et les plus viles en apparence. Que faut-il pour obtenir ces merveilles ? Du temps, du travail, et un peu du génie de l'homme.

L'habitude de voir les productions de l'industrie, d'en faire usage, en se les procurant avec assez de facilité, fait qu'on ne s'étonne pas assez de la somme de travail qu'il a fallu accomplir pour obtenir de fructueux résultats, ni des sueurs que bon nombre de découvertes ont coûtées à l'homme. Pour qui réfléchit un peu et sait se rendre compte des objets dont il se sert, celui-là ne perd point entièrement de vue le mérite du travailleur opiniâtre. Il s'en convainc encore mieux, si lui-même s'est livré à des recherches laborieuses pour arriver à un but quelconque. Rien, dès lors, ne lui demeure indifférent. Il multiplie, pour ainsi dire, sa pensée ; l'effort soutenu du souvenir avive son courage, quand il le sent faiblir par les difficultés, et relève ses espérances. « Ce qu'un autre a obtenu, pourquoi n'y arriverais-je pas ? » Tel est son mot de passe.

« L'intelligence est le ressort de la pensée », a dit un grand écrivain. C'est aussi le levier du savant, du travailleur. Bien comprendre, saisir vivement tout le parti qu'on peut tirer d'un objet, c'est la ressource avivant le courage, le soutenant pour le mener au but. Et comme la volonté est en général dirigée par la pensée, c'est encore de l'intelligence que dépend le vouloir, ce tout de l'homme qui le domine et le conduit. Sans volonté, point d'énergie ; et sans énergie, la persévérance n'est qu'un vain mot : l'une mène l'autre.

Ne séparons point de cette faculté essentielle de l'homme, le temps et le travail : ceux qui vous assurent avoir réussi sans ces deux forces réunies, ne les croyez pas. Ils se trompent eux-mêmes, s'ils ne pensent pas nous leurrer. Même en tenant compte de la valeur de certaines intelligences, tous, nous avons besoin de travailler pour atteindre au succès.

Idée bien faite pour encourager les timides ou les inhabiles, pour lesquels il faut le double d'efforts, afin d'arriver au même résultat que bien d'autres.

Ce qu'il ne faut jamais oublier, c'est qu'on n'obtient rien sans peine : la lutte est la clé ouvrant plus d'une porte.

LXXX

**Ce n'est pas rien faire que penser ; mais
il faut que la pensée s'arrête et ne s'égare pas.**

Le plus beau travail de l'homme est sans contredit le travail de la pensée : noble faculté, faisant éclore les œuvres les plus importantes dont l'humanité se fait gloire ; elle féconde l'esprit en lui livrant les secrets de la nature et le pourquoi des choses. La pensée, signe de la supériorité de l'homme sur tous les êtres, produit, perfectionne et invente. L'homme seul a pu dire : « Je pense, donc je suis. »

Ne pas confondre le rêveur et le penseur. Le premier laisse aller son esprit vers l'objet qui l'attire, s'y arrêtant volontiers dans une douce somnolence, en cherchant à y goûter tous les charmes qui l'ont captivé. Pas de travail particulier pour celui qui rêve ; c'est un doux laisser-aller de l'idée, s'arrêtant dans le vague, cueillant parfois, laissant le plus souvent échapper ; et lorsqu'il revient à lui, il rapporte du calme, c'est vrai, mais un repos plutôt énervant, qu'un excitant précieux pour l'esprit.

Le penseur, lui, creuse, fouille, tourne et retourne jusqu'à ce qu'il ait trouvé. Le travail fécondant son esprit, il en revient alerte, éveillé, toujours muni d'une nourriture substantielle, servant ou devant servir à l'objet de son désir.

S'il n'a pas connu le repos, il revient satisfait de cette tournée au fond des choses où il a rencontré plus d'un secret révélateur. C'est alors qu'il se sent quelqu'un ; rien n'ennoblit plus l'être que ce travail de la pensée pour qui s'en sert noblement. C'est aussi un moyen excellent de former le jugement.

Elle a un autre avantage ; elle conduit au souvenir, fait revivre avec le passé, nous entretient avec les absents et scrute l'avenir. Elle nourrit aussi la mémoire, en la fécondant de tout ce qu'elle touche de son aile rapide ; enfin elle double la vie de l'homme.

Qui pense bien, dit bien et vit bien ; les actions n'étant le plus souvent que le reflet des pensées. Quiconque ne se nourrit que de pensées nobles, pures et élevées, ne peut descendre aux actions basses et triviales ; sa vie comme sa conduite révèlent assurément les pensées qui l'agitent. Si de penser est un travail précieux pour l'esprit, bien penser est un travail moralisateur pour l'âme.

LXXXI

Celui qui ne trouve à dire que ceci ou cela est ordinairement pauvre d'idées. Si l'expression lui manque, c'est souvent qu'il ne l'a pas cherchée : tout travail ne demande-t-il pas un peu d'efforts ?

On entend dire parfois, et par des maîtres : Ce n'est pas difficile d'écrire; c'est tout simplement fixer sur le papier ce qu'on pense, et pourvu qu'on parle bien, on s'en tire. Ce mot « simplement » est adorable de naïveté. Il me rappelle cet autre d'un artiste auquel quelqu'un disait, en admirant une statue qu'il venait de terminer : « Ce ne doit pas être bien difficile? » — « Oh, non, répond l'artiste, il suffit d'ôter ce qu'il y a de trop. »

Voici le travail : ici, retrancher ce qu'il y a de trop; là, remettre; trouver le mot juste, l'idée la plus nette, et tout le cortège des règles nécessaires dans l'art de dire. C'est du travail, du plus ardu et du plus délicat.

Ah! vous pensez qu'il suffise de dire : « Je vais mettre sur ce papier tout ce qui me vient à l'esprit pour avoir réussi? Erreur profonde! Ne nous payons pas de mots. Les uns ont de la forme, acquise au cercle de relations choisies, mais

le fonds manque; d'autres ont un certain stock
d'idées, même un bon fonds, mais, ayant vécu dans
un milieu peu relevé par l'élégance du langage,
peinent à s'exprimer. D'autres enfin réunissent les
deux : ce sont les élus, les génies, si vous voulez;
mais demandez à tous. S'ils sont loyaux et francs,
ils vous répondront ceci : que chacun trouve des
difficultés inattendues, aplanies par l'habitude, c'est
vrai, mais jamais entièrement disparues.

Aujourd'hui, les idées nous viennent en foule,
trop abondamment même, car il faut les démêler,
les choisir; pendant qu'on exécute ce travail, l'idée
neuve, l'idée maîtresse s'enfuit. La fugitive ne se
laisse plus attraper, et quand il lui arrive de se
faire prendre, nous la trouvons dépouillée de la
forme originale, ou neuve, qui nous avait flattés.
Un autre jour, l'esprit est complètement stérile; ou
bien des lieux communs, et c'est tout. A certains
moments, encore, les expressions fécondes, jolies,
viennent se placer toutes seules sous la plume;
celle-ci n'a qu'à courir, elle ne restera pas en
chemin. A d'autres, on en arrive à ceci, à cela, à
choses ou à objets, sans que le traître mot technique
veuille bien se montrer. Il est là pourtant, unique
dans son sens; on le connaît, on l'a perçu; mais
quand on le croit tenir, il ne nous vient qu'un
synonyme; heureux encore quand il vient !

Ces différents obstacles, communs à beaucoup,
deviennent bien plus grands pour ceux qui ne

travaillent pas sérieusement. Si les idées et les expressions manquent aux chercheurs infatigables,
comment voulez-vous qu'elles ne fassent pas entièrement défaut à ceux qui ne connaissent pas
l'effort? Pauvres d'idées et de mots, ils sont réduits
à *ceci*, à *cela :* ignorants ils sont ; ignorants ils
resteront.

LXXXII

Rien ne se dépense plus facilement que l'argent qu'on n'a pas gagné. Veux-tu connaître le prix de l'argent ? apprends comment on le gagne.

Quand on vit péniblement du travail de ses mains, on connaît mieux le prix de l'argent qu'avec une certaine aisance, où rien ne nous manque. Qu'est-ce qu'une pièce de cinq francs pour le riche ? une minime partie d'un bien qu'il possède, dont la valeur représentative lui paraît insignifiante.

Pour l'ouvrier, c'est tout autre chose; cinq francs représentent, la plupart du temps, un peu plus du prix d'une journée laborieusement remplie. Pour obtenir ce maigre salaire, chaque heure a été pour lui une dépense de force, d'intelligence; un renoncement de sa volonté, de son indépendance. Aussi, lorsqu'il s'agit de se servir du fruit de son rude labeur, il y regarde à deux fois; il y tient en proportion des peines que lui a coûtées cette pièce.

Chose admirable, pourtant ! ce gain, dont il apprécie la valeur, lui cause une joie délicieuse quand il le reçoit; joie ignorée du riche, touchant son revenu. N'est-ce pas un juste retour des émotions de la vie, que l'homme jouissant de la richesse et de l'indépendance, ignore la joie délicate causée par un gain dûment et laborieusement gagné ? Joie se renouvelant aussi fréquemment que le gain entre dans la poche du travailleur.

L'habitude n'en retranche même pas une parcelle ; c'est en cette circonstance, surtout, qu'elle n'effleure pas la délicatesse des sentiments, tandis qu'elle engendre souvent la satiété chez le riche.

D'autres jouissances sont attachées au gain du travailleur. L'épargne, prélevée mensuellement pour les vieux jours, est l'équivalent d'un cadeau qu'on se fait à soi-même. Or, pour ne point s'en priver, on accepte volontiers le sacrifice de petites fantaisies destinées à réjouir la vie quotidienne ; sacrifice agréé d'autant plus spontanément, qu'il est tout personnel.

Outre la joie de l'épargne, on est heureux d'ajouter par son gain à l'aisance du ménage, à rappeler une fête, un anniversaire, au moyen de simples cadeaux, prenant tout leur prix dans le bonheur qu'ils procurent à tous. Ainsi la vie de l'homme laborieux se double de ces satisfactions fort modestes, c'est vrai, mais pures et suaves comme tout ce qui se rattache au devoir rempli.

LXXXIII

On est rarement généreux quand on calcule le prix de ses dons. C'est spontanément qu'on doit apprendre à donner. En aumônes, quand on réfléchit trop, on risque fort de les rentrer dans sa poche.

La vraie générosité ne calcule ni la valeur du don qu'elle veut offrir, ni si celui auquel elle l'offre le mérite, ou lui rendra la réciprocité. Elle donne spontanément, gracieusement et avec joie. Elle est plus heureuse de donner que de recevoir : c'est une joie délicate connue seulement des belles âmes. Est-ce à dire qu'elle manque de prudence, en donnant à tort ou à raison ? Non ! Elle sait être généreuse, sans inconséquence ; elle a appris qu'il n'y a qu'une seule manière d'offrir un don ou une aumône, c'est de le faire avec élan et de bon cœur, en même temps qu'avec discernement. Elle ignore les étroitesses de l'esprit, recherchant sans cesse les mérites réels de l'ami auquel elle donne, ou les vrais besoins du solliciteur ; mais elle ne jette pas à la tête des indifférents le don qu'elle attribue aux siens.

Pour le premier, son cœur la guide sans aucune arrière-pensée ; pour le second, elle croit qu'il est assez malheureux de tendre la main, sans qu'il soit humilié sans raison sur la véracité de sa misère. Il est question ici, bien entendu, de ces pauvres qu'on nomme ordinairement pauvres honteux, et non de ces coureurs qui ont toutes les audaces. Et encore, pour ces derniers, ferons-nous exception pour les enfants, les vieillards et même les pauvres mères : risquons plutôt de nous tromper que d'avoir négligé de secourir une seule vraie misère ; le sommeil en sera plus léger et plus doux.

Savoir faire la charité, naît d'un cœur délicat. Comme il est ingénieux dans les mille moyens qu'il emploiepour faire accepter l'aumône sans froissements ? Ce serait à croire qu'on l'oblige en acceptant. Bien différemment agit celui qui calcule ; ses prétextes ne manquent point pour rentrer dans sa poche le don qu'il n'avait guère l'intention d'en sortir. Egoïste, il s'efforce de croire que sa charité n'est nullement nécessaire ; ne souffrant point, les autres ne doivent pas souffrir non plus. A force d'arguments, il finit par s'endormir dans son indifférence, sans que son égoïsme lui soit lourd à l'âme. Charité, bonté et générosité n'ont qu'un chemin : c'est celui du cœur.

LXXXIV

Chaque instant de la vie est un pas vers la mort ; l'instant où j'écris ces lignes ne m'appartient déjà plus ; même, le moment où je pense s'éloigne de moi de toute une éternité.

Tout ce qui concourt à la vie, par une loi fatale de la nature des choses, concourt à la mort. L'enfant naît, s'accroît, vit pour mourir ; de même tout ce qui est, prend naissance, croît ou se conserve, jusqu'à ce qu'il cesse d'exister pour le service de la vie de l'homme.

Le temps passe, il ne semble renaître que pour ceux qui prennent vie ; pour les autres, il les suit et finit avec eux. Dieu seul résiste, parce que Dieu seul est immuable. Écoutons Pascal : « Je ne suis point un être nécessaire. Je ne suis pas aussi éternel, ni infini ; mais je vois bien qu'il y a dans la nature un être nécessaire, éternel et infini[1]. » Non, l'homme n'est point un être nécessaire, malgré toute la valeur de son caractère, de son intelligence. Qu'il disparaisse, c'est un grain de sable perdu dans le néant, ne laissant qu'un peu de vide autour de soi, bien vite comblé. Si grand qu'il soit,

1. Pascal, *Pensées.*

si haut que sa science l'ait placé, il ne peut retenir à lui l'instant qu'il croit posséder. Que dis-je ? Est-ce qu'on possède ce qu'il ne nous est pas loisible de retenir ? Il est amusant d'entendre ce mot pour qui relléchit : « J'ai bien le temps ! » Parole très imprudente, car rien ne nous appartient moins que le temps ; c'est le seul vrai trésor qui échappe à l'homme, malgré toute l'énergie de sa volonté. Cet être supérieur à tous les autres par son intelligence, par sa ténacité, par son travail, peut se donner la science, les richesses, les jouissances ou les honneurs de la vie ; le temps seul lui échappe, comme il échappe à tous. Le moment où je trace ces lignes s'éloigne de moi de toute une éternité.

Ces réflexions sur l'instabilité du temps devraient nous faire songer à ne jamais l'employer mal à propos, ou à le gaspiller. Faire une juste répartition des heures de chaque jour, se soumettre aux lois de la Providence dans notre travail quotidien, est sage. L'homme de sens le juge ainsi ; il regrette une minute perdue comme il regretterait la perte d'une parcelle d'un trésor difficile à conquérir.

« Le temps », comme l'a dit judicieusement Franklin, « est un trésor dont le moindre instant perdu ne peut se ressaisir. »

<center>~~~~~~~~~~</center>

LXXXV

L'instruction est un trésor dont le travail est la clé.

Oui, l'instruction est un trésor ; qui le possède a bien des cordes à son arc. La supériorité de l'homme instruit est trop évidente, pour qu'il soit nécessaire actuellement de la démontrer. Un mot seulement sur ce qu'on entend par être instruit.

On se leurre souvent sur la valeur de ce mot. Beaucoup se croient savants parce qu'ils ont effleuré une foule de connaissances ; la teinte qu'ils en ont acquise avec une certaine facilité, les porte à croire qu'ils les ont approfondies. On se bourre l'esprit, on en tire à l'occasion quelques étincelles, faites pour satisfaire l'amour-propre, mais point suffisantes pour le nourrir ou l'éclairer. Avec un peu de mémoire, on exploite habilement ce menu bagage acquis sans peine ; le reste demeure vide, obscur et sans beaucoup de profit. Ce n'est point ainsi qu'on entend les études sérieuses; la véritable instruction demande un travail constant, soutenu d'une ferme volonté.

Il est vrai qu'on ne peut avoir une science universelle ; qu'il nous faut compter avec les aptitudes de chacun. Nul n'en doute ; aussi le vrai savoir n'est pas d'avoir vu beaucoup de choses, mais de les avoir bien vues. L'instruction n'est un trésor qu'à cette condition.

L'esprit superficiel, qui ignore ce qu'est un travail soutenu, n'arrivera jamais à une complète connaissance des choses qu'il apprend. Il effleure tout sans ne s'arrêter à rien ; et quand il croit connaître assez une science pour chercher à l'exploiter, il ne trouve que vague ou stérilité.

On compte aussi très souvent sur sa mémoire. Certes, c'est un fameux auxiliaire de l'étude ; mais défions-nous : plus elle est alerte et vive, moins on croit à l'utilité d'approfondir. Parce qu'on a compris et retenu une certaine quantité de mots, on croit savoir. C'est beaucoup, il est vrai, mais ce n'est pas assez. S'instruire, c'est non seulement comprendre ou retenir les choses ; c'est aussi les rendre avec clarté, se les assimiler, et pouvoir ainsi en tirer un produit nouveau, quand faire se peut.

C'est encore compléter la science des autres par la sienne, en tirant de son propre fonds les lumières restées cachées jusque-là, lesquelles ne demandaient qu'un tout petit effort personnel pour se répandre, et qu'un travail résolu fait jaillir : *Labor improbus omnia vincit.*

LXXXVI

Il n'y a point de sot métier ; il n'y a que de sottes gens.

Je ne sais personne de plus méritant que celui qui, sachant tirer tout le parti possible de sa position, si modeste qu'elle soit, a encore le bon esprit de s'en contenter et de s'y plaire. Ordinairement, intelligent, travailleur infatigable, persévérant dans ses luttes, afin de vaincre les difficultés, il ennoblit sa profession, autant de son mérite personnel que de son beau caractère.

On aimerait à voir un jeune homme, aussi distingué par son éducation que par la supériorité de son instruction, se livrer aux travaux manuels. En élevant le métier qu'il professe jusqu'à lui, loin de s'abaisser, il grandit de tout le mérite de la vraie simplicité.

Il aurait pu être un savant, un littérateur ; il sera tout uniment un cultivateur ou un artisan. La place qu'il occupera ainsi, dans le monde, sera plus utile à ses concitoyens que celle qu'il tiendrait peut-être en déclassé. Dans le premier cas, il fera un ouvrier éclairé, perfectionnant les matières qu'il doit exploiter ; dans le second, ne trouvant pas toujours un débouché propice à ses aspirations, il deviendra un inutile.

On souhaite aussi qu'un jeune homme de famille s'exerce à travailler le bois, sous les formes les plus diverses, ou se rende compte des différents genres de culture. Il s'entendra ainsi plus sûrement avec les ouvriers qu'il sera appelé à employer plus tard.

Connaissant les difficultés à vaincre, les fatigues qu'il faut se donner pour réussir, il ne disputera point parcimonieusement le prix du travail. Il le réglera selon toute justice pour servir à la fois ses intérêts et ceux des gens qu'il occupe. Il ne manquera pas d'ajouter à ce droit de l'équité, l'amabilité escortée d'une estime légitime envers le travailleur probe et habile qu'il emploie. Une marque de sympathie, un merci soutenu d'une poignée de main, touche autant l'ouvrier que la pièce d'argent, fruit de son labeur. Le premier témoignage, prouvant la considération méritée par son travail, l'honore ; le second, n'étant qu'un juste tribut pour son temps et sa peine, le paye : la différence est toujours sensible pour l'homme de cœur. Et combien de cœurs battent généreusement sous le costume de l'ouvrier !

Honneur au travailleur honnête et diligent ! Il éviterait bien des haines, bien des froissements, si celui qui fait travailler ne s'arrêtait pas à la seule idée que l'argent paie tout,

Le travail ennoblit l'homme, quelle que soit la tâche à remplir, pourvu qu'il l'accomplisse honnêtement. C'est pourquoi on dit, avec vérité, qu'il n'y a pas de sot métier. Il n'y a que de sottes gens ; c'est-à-dire ceux qui ne voient que la surface, sans considérer le mérite réel.

LXXXVII

Si le devoir militaire est le premier devoir que tout Français doit remplir ; concourir par tous les moyens possibles à la prospérité, comme à la gloire de son pays, est un devoir sacré pour tous.

Un pays n'est pas tant glorieux par les conquêtes qu'il a faites pour agrandir son territoire que par l'importance de son industrie, de son commerce, la richesse de son sol cultivé avec soin, le nombre de ses écoles.

Si c'est un devoir sacré de se ranger spontané-ment sous les plis du drapeau, quand le pays est en danger ; de le défendre avec courage, de se former à la vaillance, à la souplesse nécessaire à toute bonne discipline, pour l'honneur du nom, en temps de paix, c'en est un non moins grand de concourir à sa prospérité.

Ce n'est pas seulement à l'élite, aux esprits richement doués qu'appartient ce devoir ; mais à tous, n'importe où et comment, pourvu que le but soit noble et pur.

La mère, en cherchant à développer dans l'âme de ses enfants le sentiment de l'honneur et du patriotisme ; le père, en initiant ses fils aux luttes de la vie ; en leur montrant à marcher droit dans la profession choisie, et en les poussant à mieux faire encore ; les éducateurs, en inspirant à leurs disciples les sentiments délicats et élevés des hommes qui ont illustré leur pays, n'importe dans quelle condition, ou en leur prouvant par de nombreux exemples, tirés de notre histoire nationale, que l'amour sacré de la patrie est le premier et le plus noble de tous les attachements, tous concourent, dans la mesure de leurs forces, à la gloire du pays.

Rappelons ici la pensée de M. Charles Lebaigne : « Si une nation est une âme, un être spirituel et moral, elle vit comme toute âme dans le passé aussi bien que dans le présent et dans l'avenir ; elle a des souvenirs comme elle a des désirs et des espérances. »

Elle vit dans le passé. Rien n'excite mieux notre patriotisme que le noble exemple de bon nombre de nos aïeux : là, sont des actes d'héroïsme pour arracher du danger le pays menacé par de terribles ennemis ; ici des luttes désespérées, soutenues avec plus ou moins de succès, pour placer et maintenir la patrie au premier rang des nations : luttes dans les familles pour édifier l'éducation des enfants sur l'amour de Dieu, le respect des lois, l'esprit de confraternité et la dignité personnelle.

Nos gloires et nos succès du passé, comme nos défaites, doivent être un soutien pour le présent et une courageuse espérance en l'avenir. Ils nous seront un fortifiant exemple, si nous formons l'éducation nationale sur l'esprit de nos pères qui ont illustré la patrie, et sur celui des hommes généreux qui ont parlé avec cœur de l'amour du pays.

Citons en passant cette belle pensée d'Alfred de Musset, qui résume à elle seule toute l'économie d'une éducation virile, noble et élevée :

> « O patrie ! ô patrie ! ineffable mystère,
> Mot sublime et terrible, inconcevable amour !
> L'homme n'est-il donc né que pour un coin de terre,
> Pour y bâtir son nid et pour y vivre un jour ? »

Oui, l'homme est né pour la patrie ; mais il est né aussi pour Dieu et la famille !

La devise de tout homme qui se respecte doit tenir en ces trois mots divins : Dieu, famille, patrie !

LXXXVIII

Bien dire vaut beaucoup ; bien faire passe tout. — De même une bonne intention, sans un acte qui la prouve, est un bel arbre sans fruits.

Bien dire vaut beaucoup. Il est beau de savoir exposer de belles théories ; il est mieux encore de savoir les mettre en pratique.

L'éloquence de l'orateur ne nous touche qu'à la condition d'être persuadés que celui qui la possède fait ce qu'il doit ; car si le meilleur moyen d'émouvoir l'auditoire est d'être ému soi-même, le plus sûr d'amener les autres à se convaincre de la vérité de nos doctrines est d'y croire et de le prouver.

Ainsi, vous aurez beau dire qu'il est du devoir de chacun de nous de se dévouer pour sauver nos semblables ; si, quand il s'agit de s'exposer, on vous voit rester en arrière, vous ne persuaderez personne d'un dévouement que vous n'avez pas su montrer.

Vous nous engagez aussi à venir en aide à ceux qui ne possèdent rien ; mais, quand ils vont demander à votre porte le pain dont ils ont besoin, si vous ne leur ouvrez pas, on ne croira point à votre charité.

L'exemple est et restera toujours le meilleur des préceptes; c'est le seul capable de convaincre.

En foi de quoi, quand, à l'appui de vos conseils, vous joignez l'action, vous aurez plus fait pour persuader, et nous amener à vous imiter, qu'avec les plus beaux discours, sans effet positif.

Il en est de même des intentions. Certaines personnes veulent tout faire, sont capables de tous les sacrifices, ont de ces beaux élans dont l'humanité s'honore; mais arrive le moment de les mettre à exécution, il y a toujours un empêchement quelconque. Que font à l'esprit humain vos théories superbes ou vos projets merveilleux, s'ils doivent rester à l'état d'utopie? que de prouver la vanité de votre esprit ou la sécheresse de votre âme, en leur montrant qu'il est dangereux de se leurrer et de leurrer les autres : c'est la pire et la plus malsaine des leçons offertes à la jeunesse ; car c'est lui faire voir qu'il y a des hommes capables de penser et de dire ce qu'ils n'ont nulle intention de faire. Odieux et perfide mensonge de l'homme à l'homme.

Je ne sais plus qui a dit : « La route de la morale est longue et difficile quand on n'emploie que des préceptes; elle s'abrège et mène promptement au but quand on y joint des exemples. » Ceux qui ont charge d'âmes devraient surtout se pénétrer de cette idée, que leur action ne sera féconde sur l'esprit de leurs disciples, qu'autant qu'ils auront su mettre leurs préceptes en pratique. Jamais on ne scrute mieux notre conduite que quand nous sommes chargés de diriger les autres.

L'œil le plus clairvoyant, n'en doutons pas, c'est celui du disciple que nous devons conduire.

LXXXIX

La plus mauvaise roue du chariot est celle qui crie le plus fort.

La Fontaine a prouvé, avec infiniment d'esprit, la même idée que celle exprimée par la maxime ci-dessus, dans sa fable « le Coche et la Mouche. »

Si la plus mauvaise roue d'un char crie plus fort que les autres, c'est qu'il lui manque l'aliment nécessaire à la rendre propre à servir, en silence, l'objet pour lequel elle a été construite.

Eh! n'en est-il pas ainsi de beaucoup d'hommes ? Plus ils sont médiocres, ordinairement, plus ils font de bruit; on dirait qu'ils veulent cacher leur nullité par leur clameur, ou qu'ils ont besoin de s'étourdir. Ceux qui les écoutent, étourdis eux-mêmes, cherchent à démêler le bon dans tout ce bruit. Ils ne tardent guère à découvrir qu'il y en a peu ou point.

Ainsi que la fumée, en s'évanouissant, ne laisse aucune trace, si ce n'est quelques grains de poussière sans valeur, ainsi fait l'homme nul; il ne laissse après son passage que vide et néant. Ou, quand il en reste quelque chose, ce n'est que l'aplomb superbe d'un sot orgueilleux.

N'est-ce pas un peu le rôle de la mouche autour du coche? Importune incessante, harcelant l'un et l'autre; obstacle vivant, elle a l'impertinence de s'attribuer le succès, et veut qu'on le reconnaisse par une récompense. C'est bien là le portrait véritable de certaines gens : inutiles, bons à rien, ou à peu près, tout boursouflés d'orgueil, croyant sérieusement que sans eux rien ne marcherait dans le monde. Ils se croient capables de tout, parlent haut et fort, donnent leur avis d'un ton superbe ; enfin, si pleins d'eux-mêmes, qu'ils ne s'aperçoivent pas de l'ironique dédain de ceux qui les écoutent.

Le plus curieux de l'affaire, c'est que, n'ayant rien dit ni rien fait qui vaille, étant plutôt un obstacle par leur nullité, ils s'attribuent le succès de la réussite. Quant aux autres, ceux qui ont vraiment agi, allons donc! Ils n'y pensent même pas. Oubli si profond, parfois, à cause de leur suffisance, qu'on les voit réclamer avec aplomb une part de bénéfice, quand il y en a, croyant même, dans leur for intérieur, pouvoir revendiquer le tout sans audace.

Ici une des pensées de Pascal peut trouver place : « La vanité est si ancrée dans le cœur de l'homme, qu'un soldat, un goujat, se vante, veut avoir des admirateurs. »

Il est vraiment curieux de scruter les replis du cœur humain; nous y rencontrons une foule de contradictions. Il voit clairement les faiblesses des autres, il les combat même avec véhémence; mais il ne s'aperçoit pas que ces mêmes faiblesses, lui attirent les propos moqueurs de l'autre moitié de l'humanité.

Et quand cet homme est un sot, doublé d'un orgueilleux, jugez de l'ironie de sa conduite.

La Rochefoucauld disait que « l'esprit de la plupart des femmes sert plus à fortifier leur folie que leur raison. » Ne pourrait-on pas ajouter, ici, que la sottise de la plupart des orgueilleux les entretient dans une ignorance continue de leurs propres mérites? Se croyant supérieurs en tout, ils ne font aucun effort pour se corriger des travers qui se dérobent à eux-mêmes, alors que les autres, en certaines occasions, les leur font toucher du doigt. Aveuglés qu'ils sont, ils ne voient rien et ne veulent rien voir : la suffisance les couvre en entier de son voile épais.

Aussi, semblables à la mauvaise roue du char, ils agacent tout le monde par leur bruit importun; et, ainsi que la mouche du coche, ils croient avoir mieux fait que tous; veulent, non seulement qu'on le reconnaisse, mais encore être récompensés d'un mérite qui n'existe que dans leur esprit.

XC

Un homme sans but est par cela même sans énergie.

Qu'attendre d'un homme n'ayant aucun but déterminé? Rien ne le pousse à vaincre les obstacles qui peuvent surgir dans l'œuvre qu'il essaye d'entreprendre; il s'arrête aussitôt, découragé, ne trouvant pas, en lui, le ressort nécessaire pour soutenir l'effort.

C'est tout autre chose, s'il a un but précis. Nulle difficulté ne le rebute; rien ne lui coûte pour arriver où il le veut; les idées surgissent une à une, sous l'action énergique de sa volonté, pour améliorer, perfectionner. Son esprit se développe, ses forces se décuplent; il ne sent ni lassitude ni fatigue; absorbé par la pensée d'aboutir, il ne voit qu'une chose : réussir!

Qui lui communique l'énergie nécessaire? La force de volonté; cette puissance de l'âme humaine qui, lorsqu'elle est mue par le désir d'arriver, ne connaît ni les défaillances ni les dégoûts.

Ne pas confondre le désir et la volonté. Tandis que l'un trouble souvent les idées par son impétuosité, l'autre nous les fait concevoir avec calme.

« Dans toutes les choses difficiles, a dit Mme Swetchine, la Providence a placé un charme connu seulement de ceux qui osent les entreprendre. » Ce charme est le talisman des travailleurs, des lutteurs.

Il ne faudrait pas s'imaginer que le travail, même le plus ardu, pour arriver au but proposé, soit sans attraits. Le plus doux plaisir connu, c'est celui qui précède ou suit le succès. L'espérance, dans l'attente, nous cause des émotions délicieuses ; de même que la joie d'avoir réussi est pleine de charmes : ce n'est si bon, que parce que rien n'en altère la sérénité.

Le but à atteindre fait aussi la force vitale de toute société ; cette idée donne l'émulation aux jeunes gens, pour obtenir la position devant assurer leur place en ce monde ; de même qu'elle active le courage de tous ceux qui ont besoin d'être soutenus.

C'est être fort contre soi et contre les coups du sort que de vouloir réussir. C'est aussi résister à la mollesse, à l'inertie de l'âme, aux tentations d'un repos trop prolongé, sous l'énervement de la fatigue.

N'est-ce pas un spectacle bien touchant, que de voir l'homme aux prises avec lui même, ou avec les autres, résister victorieusement aux entrainements capables de le faire dévier de la voie qu'il s'est tracée pour arriver ?... Coûte que coûte, on le voit sans cesse sur la brèche, maître de lui et des entraves s'opposant à sa marche. Comme il aurait le droit d'être fier de sa victoire ! Il n'en est rien, pourtant; plus il est méritant, plus il est simple et modeste, trouvant tout naturel qu'il en soit ainsi. N'est-ce pas un des merveilleux effets du mérite vrai ? Donc, honneur au travailleur, au lutteur.

XCI

Il n'y a que ceux qui ne font rien qui ne se trompent pas ; c'est pourquoi il faut être indulgent pour les maladresses d'autrui.

On rencontre des gens qui jettent feu et flammes, si les enfants ou les serviteurs de la maison commettent une maladresse, laquelle maladresse, notez-le bien, leur paraîtrait toute naturelle, si elle leur était personnelle.

On a vu, aussi, les condisciples d'un même établissement rire sottement des méprises de quelques esprits timides, s'en moquer, à l'occasion, en leur adressant des épithètes blessantes. Agir ainsi, c'est commettre une faute grave et une injustice.

En vérité, c'est une faute grave de rudoyer les pauvres maladroits ; on risque de les rendre timorés, de leur ôter toute confiance en eux-mêmes, à tel point qu'ils n'osent plus rien entreprendre. On en a connu, de ceux-là, ne pouvant se décider à toucher un objet précieux, pour le changer de place, dans la crainte d'un accident. Jugez un peu des misères que l'avenir leur réserve ! C'est précisément ce peu de confiance en leur adresse, qui les rend tremblants, et les fait trébucher.

On a, sans aucun doute, troublé leurs facultés, soit en les grondant trop fort, à la suite d'un accident, soit en riant de leur peu d'adresse, ou en les plaisantant ironiquement. Cette façon d'agir peut arrêter l'éclosion de quelques bonnes idées, tout en exposant ces timorés à rester incapables toute leur vie.

Par cette conduite, on se rend coupable d'une injustice. N'avons-nous pas été quelquefois malhabiles on étourdis ? En bonne conscience, n'étions-nous pas alors assez humiliés et peinés de l'accident, causé par notre faute, pour que l'ennui ressenti ne fût pas déjà une mortification ? S'il est nécessaire de réprimer doucement une maladresse, en montrant à celui qui l'a commise comment il fallait s'y prendre pour l'éviter, il est cruel d'ajouter à l'humiliation personnelle d'amers reproches, qui ne sont pas toujours fondés. Enfin, il est sot de s'en moquer. En agissant ainsi, on fait preuve de mauvais cœur.

C'est un grand avantage dans la vie que d'avoir un peu de confiance en soi, que de se sentir un peu fort, un peu adroit ; en un mot, pour se servir d'un néologisme, « d'être débrouillard. »

Savoir se tirer d'affaire dans une foule de cas, est presque une condition de bonheur.

N'est-il pas assez à plaindre celui qui n'ose rien entreprendre dans la crainte d'échouer ? crainte puérile, mais si grande parfois, quoique peu fondée,

qu'elle neutralise tous ses moyens d'action. Timoré, il se contente d'admirer la hardiesse, ou
simplement l'aisance des autres, pour rester neutre,
en se croyant bien inférieur à tous.

Cette considération est trop grave pour que tout
éducateur ne la médite pas profondément, et ne
prenne pas souci de la direction à donner aux
timides et aux craintifs. Aussi bien les camarades
d'une même classe devraient y regarder à deux
fois, avant de lancer étourdiment leurs critiques
moqueuses à la tête de ceux qui sont moins adroits
qu'eux.

Arrêtons-nous à ce conseil : Sans exagérer les
compliments, louons à propos ceux qui se montrent
assez habiles, en les laissant démêler eux-mêmes
leurs petites affaires. Encourageons aussi les
pusillanimes ; forçons-les à agir après une maladresse, au lieu de les arrêter par un mot injurieux,
et nous arriverons sûrement à leur donner un peu
confiance en eux-mêmes. Peut-être leur aurons-
nous ouvert la voie qui mène à la réussite, et
contribué, en quelque sorte, à leur préparer un
avenir plus heureux.

XCII

Force passe droit; force n'est pas droit. La raison du plus fort n'est pas toujours la meilleure.

Quand on use de sa force pour faire valoir son droit, on est bien près de commettre une injustice; la force n'étant, dans ce cas, qu'un abus du droit.

Certes, on admire la force de l'homme, quel que soit le côté par lequel elle se révèle : force musculaire, force morale, force intellectuelle. Non seulement on l'admire, mais elle nous subjugue; c'est pourquoi nous sommes naturellement portés à nous tourner du côté du plus fort : le faible, pour chercher un soutien ; le fort, pour y rencontrer son élément; et, en général, parce que chacun y court.

La force n'est-elle pas une puissance qui attire tout à elle, lors même que ce ne serait point selon toute justice ? Il est si facile d'avoir raison quand on domine ! « Le peuple aux cent têtes frivoles », selon la pittoresque expression de La Fontaine, est insouciant est léger. Pris en masse, il laisse facilement gain de cause à la force, sans qu'il se donne la peine de chercher la raison du pauvre opprimé. A l'occasion, le loup a toujours mangé l'agneau ; le puissant, primé le faible ; le riche, passé avant le pauvre. Ce n'est pas un droit, c'est une injustice, appréciée par les cœurs délicats, sensibles et francs, qu'elle révolte, mais que la masse ignore, la laissant commettre sans protester, attendu qu'elle n'en est pas toujours émue.

Qui donc combattra pour le faible, entrera en lutte pour défendre l'opprimé ? Qui les soutiendra envers et contre tous ? L'esprit de justice, d'abord, et de confraternité, soutenu de la bonté. Vouloir changer totalement la face des choses, que l'habitude a si fatalement établie, serait une utopie ; mais chercher à donner une heureuse impulsion à l'esprit de justice, en général, est le devoir de toute personne sensée. Ne pouvant changer, on peut atténuer ; ce qui est toujours un bienfait.

L'enfant naît franc, bon et généreux, le cœur ouvert aux belles et grandes actions. Trop souvent le contact de gens opprimés, rendus injustes par le malheur, nuit à la formation de ses bons sentiments. S'il est porté à haïr ceux qu'on lui a signalés comme oppresseurs, il sait aimer les hommes de bien : de là, la nécessité de les confier à des gens bien élevés, aux sentiments généreux, justes et délicats. C'est le rôle par excellence des personnes chargées de diriger l'enfance : d'être des exemples vivants.

Pour faire de l'homme un homme, selon l'expression de Mme de Staël, la culture de l'esprit est insuffisante, il faut y joindre celle du cœur. En morale, en éducation, comme en instruction, l'éducateur a tout pouvoir. Qu'il veuille bien seulement joindre l'exemple au précepte, il réussira plus souvent qu'il n'échouera. Il est rare, en effet, qu'il ne se trouve pas dans la vie de l'homme une heure où la bonne semence ait germé, et ait produit quelque bien. Ce peu pourrait être la conséquence d'une vie honnête, tant il est vrai qu'il n'est si petite cause qui ne produise son effet.

XCIII

L'homme qui cherche le bonheur seulement dans les plaisirs, peut être sûr de ne le rencontrer jamais. Le bonheur n'est pas ailleurs que dans le devoir accompli.

Les plaisirs sont des tentateurs promettant toujours plus qu'ils ne donnent. Leurs attraits sont si séduisants, qu'il n'est pas étonnant que chacun de nous s'y laisse entraîner, croyant y trouver le bonheur entrevu, désiré. Hélas ! ce qu'ils nous offrent s'appelle « jouissance », et non bonheur !

Un abîme profond sépare ces deux expressions : l'une engendre la satiété, le dégoût, le vide ; l'autre, pour être vrai, doit être pur ; et, rarement les plaisirs en sont là : ils touchent plus ordinairement à la satisfaction des sens qu'à la joie morale.

Pour en être convaincu, il faut que chacun de nous y brûle un peu ses ailes, comme le papillon brûle les siennes à la lampe du soir. C'est en cela, surtout, que l'expérience nous instruit mieux que les plus beaux préceptes. Bon nombre de personnes n'ont été amenées à la vérité que par là. Socrate a dit que « Jupiter avait lié le plaisir à la douleur par une chaine dor. » N'est-ce pas avouer que le chemin menant au plaisir est couvert de roses, et que celui par lequel on en revient n'a le plus souvent que des épines ?

En effet, après avoir goûté les charmes d'une amitié vraie, ou les délices d'une société attirante, pourquoi faut-il, souvent, connaître les déceptions, les amertumes causées par la trahison d'un ami ? pourquoi faut-il sentir le froid glacial de l'indifférence de ceux avec lesquels on était si heureux de se rencontrer ? C'est alors que, si nous avons la chance de nous retourner vers le travail, de nous complaire aux devoirs quotidiens de la famille, nous sentirons que la satisfaction vraie du cœur se trouve toujours là où est le devoir.

Bonheur tout intime, toujours à notre portée ; fait non de fêtes et de plaisirs, mais de paix. Résultat certain d'une vie honnête, laborieuse et parfois remplie de mille sacrifices ; car, plus on donne de soi, plus on s'oublie, et plus on s'élève : c'est là tout le secret de la sérénité d'âme de l'homme vertueux, au déclin de la vie.

XCIV

Ville qui parlemente est à moitié rendue.

Lorsqu'une ville entre en pourparlers avec les assiégeants, la résistance n'est plus sérieuse : c'est un commencement de faiblesse qui la met aux pieds de ses ennemis.

Ce qui se dit d'une ville peut aussi bien s'appliquer à l'homme. S'il parlemente avec ses défauts, s'il examine jusqu'à quel point ils peuvent être faute grave, il est bien près de leur ouvrir la place, où ils s'établiront en maîtres. C'est en vain qu'il voudra les chasser ; ils sont entrés au cœur même de la place, ils y resteront.

L'homme, au contraire, bien décidé à rester maître de lui-même n'a point de ces hésitations, ni de ces calculs. Ainsi que le commandant de place, fermement résolu de la garder jusqu'au bout, dût-il lui en coûter la vie, il ne parlemente point avec ses ennemis, « ses défauts. » Il les regarde de haut, témoignant par son attitude sa force énergique, laquelle ne permettra pas qu'on lui parle de transiger avec ses devoirs. Il reste maître de son cœur, comme le vaillant défenseur reste maître du poste qui lui a été confié.

Plutôt périr que faiblir! Telle est la devise de ces valeureux.

Il pourra se faire qu'il y ait quelques alertes, de ci de là ; mais de vraies défaillances, jamais!

J'ai lu quelque part, que : « La volonté, puissance à la fois intellectuelle et morale, bien dirigée, peut presque entièrement refaire un tempérament, par les habitudes qu'elle donne au corps. »

Les cœurs vaillants la connaissent, cette puissance ; c'est pourquoi l'âpreté de la lutte, les mécomptes de plus d'une sorte, leur ont enseigné à ne compter que sur eux, sans espoir d'être compris ou appréciés.

Qu'importe à ces lutteurs l'assentiment des autres, s'il leur reste la joie du devoir accompli, ou les délicates émotions de s'être vaincus eux-mêmes! Rien n'excite mieux le courage d'un homme que de se sentir un homme, et jamais on ne l'est plus, que quand on s'est placé au-dessus de ses aises, de ses goûts ou de l'opinion commune, pour accomplir le fait ressortant du devoir, coûte que coûte.

C'est l'inertie dans la lutte, la persistance de tout l'être à soutenir la cause qu'il défend, ou qu'il sert, qu'elle soit morale, professionnelle, ou patriotique.

XCV

La plus grande habileté des moins habiles est de savoir se soumettre à la bonne conduite d'autrui [1].

N'est pas habile qui veut; c'est parfois un don naturel, plus souvent encore un don acquis. C'est pourquoi, avec des habitudes régulières de travail, jointes à l'esprit d'observation, on peut remédier à ce qui nous manque naturellement. On arrive même, avec de la bonne volonté, à acquérir une certaine adresse.

Pour atteindre ce but, il est bon de ne pas s'illusionner sur nos capacités, de reconnaître volontiers la supériorité des autres, et de savoir, au besoin, y soumettre notre conduite : un esprit modeste, avec un peu de jugement, suffiront à nous guider dans une foule de circonstances.

La vie est ainsi faite : les uns, heureusement doués, semblent n'avoir qu'à désirer pour réussir ; d'autres, avec un travail persévérant, peinent à arriver. Que ceux-ci ne se découragent pas ! Rien ne résiste au courage soutenu ; l'essentiel est de tâcher de mettre à profit l'expérience des autres

1. La Rochefoucauld.

ou de suivre leur exemple dans la mesure du possible.

Nos ancêtres nous ont tracé la voie dans laquelle nous entrons à notre tour; c'est à nous d'être les imitateurs du modèle qu'ils nous offrent, en cherchant à éviter leurs fautes, et à pratiquer leurs vertus. Le souvenir de leurs défaillances, ou de la force de volonté qu'ils auront prouvée, nous soutiendra dans nos luttes : les premières, en nous prouvant que nul n'est infaillible; la seconde, que la faute n'est pas tant dans le mal que dans la résistance au bien.

N'oublions jamais que pour acquérir un réel talent, ainsi qu'un vrai mérite, il nous faut batailler contre nous-mêmes, et contre les difficultés de la vie.

La sagesse nous invite à profiter des lumières des autres, de leur habileté, et d'y soumettre notre conduite : ce n'est pas un mince travail; c'est être habile, comme le dit La Rochefoucauld. L'homme vain, croyant tout savoir, se renferme en lui-même sans mérite aucun et sans profit.

S'il est assez sot pour ne pas tirer parti du savoir d'autrui, ni des dons naturels qu'il a reçus en partage, il restera dans sa nullité.

Entendons-nous bien. Nous ne voulons pas dire qu'il soit honorable de se servir du talent des autres pour s'en attribuer la gloire; loin de nous une semblable pensée. En profiter loyalement, ainsi que d'un bon exemple à suivre, nous semble aussi raisonnable, qu'il nous paraît déshonorant d'agir en vampire.

« Il n'y a que la grandeur des desseins qui fassent les grands hommes, et la droiture des intentions qui fassent l'homme de bien ; on n'est responsable que de son cœur [1]. »

Si vos intentions sont pures, vous pouvez profiter de la capacité des autres pour régler votre conduite. Dans le cas contraire, abstenez-vous : la ruse ne sera jamais d'accord avec les sentiments de l'honneur et de l'équité.

1. J. Simon.

XCVI

Savoir bien employer son temps est le bonheur de la vie.

Imagine-t-on quelqu'un de plus à plaindre qu'un désœuvré ! Les heures lui semblent interminables ; il traîne sa vie avec lenteur ; rien d'utile ne sort de son esprit ni de ses doigts. Il envisage toutes les choses avec indifférence. Trouvant tout naturel que les autres les exécutent, il ne sent en lui ni regrets, ni désirs, si ce n'est un lourd ennui.

Tel n'est pas celui qui connaît le prix du temps, et qui sait l'employer avec tact et mesure.

Pour lui, les heures s'enfuient, rapides ; la fin du jour arrive plus tôt qu'il ne l'aurait voulu, pour accomplir la besogne qu'il se trace. Son travail l'occupe, l'attire, et lui semble plein d'attraits. Les difficultés ne le rebutent jamais ; s'acharnant à les vaincre, il y trouve un âpre plaisir, presque toujours couronné par la réussite.

Constatons même que l'intérêt qu'il y trouve croît en proportion des obstacles : l'Euréka d'Archimède double le prix de sa victoire, en lui faisant apprécier le doux plaisir qu'il y a, d'avoir mené à bonne fin un travail laborieux. Plaisir pur comme le motif qui l'occasionne.

Pour l'homme laborieux, les heures de loisir sont aussi bien réglées que les heures de travail : visites, promenades, lectures, tout a son temps. Il ne connaît ni le vide ni la satiété, car il profite de tout ce qui peut remplir la vie humaine d'une façon intelligente, ne permettant ni au travail, ni aux distractions, quelque attrait qu'il y trouve, de dépasser les limites qu'il leur avait assignées.

Pourtant ne pensez pas qu'il soit l'esclave de l'heure ; son règlement n'est point systématique, mais simplement bien équilibré.

Savoir organiser sa vie, montre à la fois de la vertu et un esprit pondéré.

Mme de Staël disait : « En s'aidant à la fois de l'imagination et de l'étude, on recompose le temps, et l'on refait sa vie. » Pensée bien à sa place ici. L'homme dont l'existence est réglée doit sa bonne organisation, le plus souvent, à une vive imagination et à l'amour de l'étude. Double bienfait, appelé à rompre la monotonie de l'existence.

Ainsi que l'a dit Franklin : « Le temps est l'étoffe dont la vie est faite. » C'est à nous de la rendre solide, durable, en même temps qu'agréable.

XCVII

**Soldats et généraux sont égaux dans la gloire.
Pour couvrir ses enfants, le drapeau n'a qu'un pli [1].**

Belle pensée, bien faite pour exciter le patriotisme : soldats et généraux, tous égaux dans la gloire.

Le chef a l'honneur de la direction, du commandement ; mais il a la responsabilité. Il lui faut du coup d'œil, de la fermeté et de l'audace au besoin. N'est-ce pas lui qui donne l'élan aux autres, et le leur communique de sa parole vibrante et de son action ? Debout, au milieu du danger, il ne voit qu'une chose : couvrir de gloire son pays et conserver intact l'honneur du drapeau.

A partir du moment où sa mission lui est confiée, il ne s'appartient plus ; il est chef, souverain : état qui le grandit de toute la responsabilité qu'il a prise.

Malgré tous ces insignes distinguant un chef, il ne peut rien tout seul ; le soldat, soumis à la discipline, favorise sa tâche tout en concourant avec lui à gagner la victoire espérée. Ardent au combat, fort et prudent, audacieux et brave, tout enivré de gloire, il se range sous les ordres de son chef, ne faisant qu'un avec lui. Ne s'appartenant plus, il

1. A. Tailhand.

est tout entier, corps et âme, sou...is à l'admi......le discipline de l'armée.

Unis dans la même idée, tous concourent aux succès et s'en enivrent, comme tous souffrent de la défaite et s'en humilient.

Cette union dans le bonheur de la gloire, aussi bien que dans la douleur d'un échec, fait que soldats et généraux sont égaux aux yeux de la Mère-Patrie ; c'est pourquoi, selon la jolie idée de Tailhand, le drapeau n'a qu'un pli pour les couvrir.

Aussi, la France reconnaissante sait encourager l'ardeur de ses enfants par des récompenses, ou le souvenir patriotique qu'elle accorde, spontanément, à tous ceux qui se sont sacrifiés pour elle. Elle n'a jamais oublié que s'il y a des degrés dans l'armée, degrés exigés par la bonne discipline, il n'est pour elle qu'un seul sentiment d'amour, un seul mouvement du cœur pour tous ses enfants.

On a dit que le patriotisme baissait en France. Il ne nous appartient pas ici de rechercher la vérité de ce fait, ni sa cause ; mais on peut assurer qu'il n'est pas mort. Le Français est né patriote ; un seul mot suffit pour exciter son enthousiasme : l'honneur du drapeau. Le vieux sang gaulois circule toujours dans ses veines ; il n'est pas près encore d'être épuisé. Fierté, vaillance, générosité : telles étaient les vertus par excellence de nos aïeux, comme elles le sont encore de ceux qui méritent vraiment le nom de Français.

XCVIII

Dans le monde, il n'y a rien de beau que l'équité [1].

Le plus bel éloge qu'on puisse faire d'un homme, c'est de dire qu'il est juste.

La justice, ainsi qu'on le répète souvent, comprend en elle toutes les vertus : sentiments d'honneur, de probité, de loyauté ; en un mot, toutes les vertus morales et civiques qui font de l'homme un honnête homme.

On a bien dit, aussi, qu'une justice trop sévère exclut la bonté. Ne pas confondre l'inflexibilité avec la justice : la première établit sa juridiction sur tous les actes, sans admettre un instant qu'on puisse se tromper ; la seconde, plus large, par cela même qu'elle s'appelle justice, ne rejette point les preuves à l'appui d'un fait, qui nous paraît blâmable, pour le justifier, et admet volontiers les circonstances atténuantes.

L'inflexible, tout en se targuant de l'esprit de justice, outrepasse souvent les droits de la véritable équité ; tandis que celle-ci, au contraire, comme c'est son droit, s'arrête et scrute les vrais motifs qui peuvent nous avoir fait agir.

J. Boileau.

Qu'un malheureux, privé de tout, se laisse aller à commettre un acte contre la probité, la notion du juste nous porte tout de suite à reconnaître sa faute ; mais cette même notion nous convie à considérer la cause qui l'a fait succomber, et nous incite à pardonner, si cette cause peut être justifiée.

Tel ne serait pas notre sentiment envers un autre homme, coupable de la' même faute, s'il n'y avait pas été poussé par une nécessité absolue.

Donc, en déclarant que rien n'est beau que l'équité, c'est reconnaître qu'un homme qui possède cette vertu est bien près d'être parfait.

On lit, dans le livre de la Sagesse, que les hommes justes sont dans la main de Dieu. N'est-ce pas affirmer qu'ils sont hors de toute atteinte, comme de toute critique ?

Nul n'est plus honoré que le juste.

Selon Ozanam, « l'Evangile pouvait seul reconnaître la dignité de l'esclave, de l'ouvrier, du pauvre, de l'homme qui obéit, qui travaille, qui souffre, c'est-à-dire de la plus grande portion du genre humain. » Pourquoi ? C'est que le Sauveur, qui a dicté ce livre divin, était toute charité, toute justice. S'il nous demandait de nous aimer les uns les autres, il voulait aussi que nous rendissions à César ce qui est à César.

Le sentiment du juste naît avec l'homme. L'enfant, qui laisse passer une foule de choses inaperçues, jette un cri de révolte contre une injustice ; son cœur se gonfle au récit d'une mesure arbitraire ; le sens intime de son âme pousse son cri de révolte, avant même que son jugement puisse apprécier les choses de la vie.

Pour conclure, ajoutons qu'on approuve ordinairement ce qui semble juste, sans que la critique puisse aisément y placer son mot.

XCIX

Concluons qu'ici-bas, le seul honneur solide,
C'est de prendre la vérité pour guide [1].

On ne regrette jamais d'avoir dit la vérité; on se repent souvent de l'avoir altérée. Comme il est calme l'homme qui, par son caractère franc, a gagné la confiance de tous ceux qui le connaissent! Il n'est point troublé de la crainte qu'on doute de sa parole, pas plus qu'il n'appréhende qu'on puisse le tromper.

Etant donnée l'habitude d'être franc, il croit à une réciprocité loyale de la part des autres. S'il sait dire la vérité, c'est qu'il se laisse guider par elle; il n'altère ni ses pensées, ni ses paroles. Tout détour lui est inconnu; il en est naïf à force d'être franc. Et toujours on le remarque à sa simplicité.

La franchise n'exclut point la discrétion. On n'est pas forcé de dire tout ce que l'on pense, si l'on doit penser tout ce que l'on dit. C'est là qu'est l'écueil pour ceux qui se font un point d'honneur de ne jamais mentir. Sous ce prétexte, ils disent plus qu'on ne leur demande, ou qu'il n'est nécessaire; ou bien ils blessent, en lançant à la face des gens des choses désagréables. Sous le couvert

1. Boileau.

de la franchise, ils se montrent tout simplement bavards et grossiers.

L'amour de la vérité ne saurait exclure, pourtant, ni la délicatesse, ni la discrétion, ni la politesse. L'homme loyal a du tact; il sent juste le moment où il est bon de s'arrêter; il est discret et poli, ne voulant point faire de peine à qui que ce soit, car l'âme loyale est généralement bonne.

Se faisant un honneur de la ligne de conduite qu'il s'est tracée, il croit avoir raison d'agir ainsi; l'expérience lui prouve, à chaque instant, qu'il a choisi la meilleure voie.

Qu'il est beau de considérer le vieillard dont le mensonge ne souilla jamais les lèvres! Il vit en paix; son regard s'illumine d'un bon et radieux sourire, car la confiance qu'il s'est attirée rayonne autour de lui, et rejaillit même sur ceux qui l'entourent. Nul n'oserait se permettre en sa présence une action qui ne serait pas d'accord avec sa loyauté. Sa vertu en inspire, même, à ceux qui n'ont jamais senti comme lui.

Nous lisons dans Pascal cette pensée bien vraie : « Toute la félicité des hommes consiste dans l'estime d'une âme. » N'est-ce pas cette idée qui soutient l'honnête homme au milieu des déceptions et des troubles de la vie? L'homme loyal et franc connaît rarement le désespoir, car il est certainement un homme de bien. Si le découragement le menace, il le secoue de toute la force de ses vertus.

C

Du triomphe à la chute, il n'est souvent qu'un pas.

Chacun a ses heures joyeuses, ses heures de triomphe ou de gloire. Mais à côté cheminent les heures de tristesse, de déception ou d'abaissement. C'est être vain et léger que de se reposer sur les moments heureux, ou de s'en enorgueillir comme d'un fait dû à son mérite. Souvent l'abîme, destiné à engloutir la chance d'un jour, est béant sur nos pas : nous ne l'apercevons qu'à la chute.

N'est-ce pas avec raison que la fortune a été comparée à une roue changeante? Elle présente un point de sa circonférence à quelque heureux du moment; puis, soudain, d'un tour rapide, elle le précipite en dessous. La chute sera d'autant plus profonde, que la place est plus élevée.

Mais bah! y pense-t-on? Tout à la jouissance ou à la gloire de la possession, l'homme oublie qu'un instant suffit pour tout lui enlever.

Aujourd'hui, c'est une spéculation hasardeuse, engloutissant le plus clair de sa fortune. Demain, c'est la perte d'un poste de confiance, enlevé par un plus habile, ou seulement par un plus audacieux. Plus souvent encore, ce sont mille misères, mille déceptions : là où vous réussissiez avec une belle vogue, vous n'arrivez plus qu'au second rang, quand vous ne descendez pas plus bas encore.

Pourtant, il vous semble être le même; peut-être vous sentez-vous encore plus d'ardeur, plus de souplesse, ou même plus de valeur. Mais voilà! la chance qui vous avait favorisé jusqu'ici est allée vers un autre. Qui sait si jamais elle ne reviendra! La chance n'est souvent qu'un souffle léger, né d'un mot heureux, d'une action audacieuse ou d'une situation favorable. Ce souffle, en grandissant, s'étend et forme toute une renommée, s'il ne trouve pas en sa route un courant contraire.

L'heure de la désillution est terrible pour qui ne s'y est pas préparé, ou qui n'est pas fortement trempé; elle n'est que triste pour les esprits sérieux et bien pensants. Malheureusement on vit plutôt au jour le jour, goûtant tout le charme des jours heureux, sans vouloir penser que derrière suit la douleur, cherchant à se faire place.

On ne sent l'instabilité des choses humaines qu'alors que les coups du sort nous atteignent en plein cœur.

L'expérience sera toujours, nécessairement, le grand maître chargé d'instruire le plus grand nombre : coûte que coûte, on veut se soustraire à ses sévères leçons; mais c'est en vain. Le mieux que nous puissions faire est de nous y préparer par la force d'âme, acquise seulement en pratiquant le bien.

CI

Faute d'un clou, le fer d'un cheval se perd ; faute d'un fer, on perd son cheval ; et faute d'un cheval, le cavalier lui-même est perdu parce que son ennemi l'atteint et le tue.

Il n'y a point de petites négligences. Tel fait, paraissant de peu d'importance, tout d'abord, a quelquefois des conséquences redoutables. Ainsi le cavalier, pour avoir négligé de faire mettre un clou au fer de son cheval, peut trouver la mort. Combien de cas pour lesquels, si les résultats n'ont pas été aussi funestes, n'en ont pas été moins désastreux dans leurs effets ! Un homme casse le verre de sa lanterne. Pour n'avoir pas réparé de suite cet accident, une étincelle jaillit, met le feu à sa maison, et le voilà ruiné ! Un autre néglige quelques menues réparations, lesquelles deviendront, l'année suivante, la cause de fortes dépenses. Il suffit de réfléchir un peu, pour se rendre compte des funestes conséquences qui peuvent suivre de légères négligences.

Au moral, le mal devient plus grand encore, car les désastres qu'il entraîne peuvent être irréparables. Combien de petits défauts, traités d'espiègleries, tout d'abord, sont devenus vices pour n'avoir pas été corrigés au début !

Dans un autre ordre d'idées, un ami a été froissé de vos négligences. Sans en tenir compte, vous lancez à l'occasion de légères pointes d'ironie, qui viennent augmenter son mécontentement. Admettons que ce n'a été de votre part qu'un moment d'insouciance, mais vous vous l'êtes aliéné pour la vie : d'un ami, vous risquez de vous faire plusieurs ennemis.

« Faute d'attention, écrivait M. Rozan, on marche sur le pied de bien des gens ; souvent aussi, et par la même raison, on leur marche sur le cœur. » Vérité cruelle et profonde ! Si la vie n'est qu'un tissu de déceptions ou de douleurs, n'est-ce pas trop souvent à notre insouciance que nous le devons, quand ce n'est pas à notre légèreté ?

N'a-t-on pas oublié de tendre une main cordiale à ce timoré, ne demandant qu'à nous être serviable, et au besoin à nous aimer, mais que notre négligence nous a empêché de distinguer de la foule des indifférents ?

Combien aussi de jeunes admirateurs de nos œuvres, ou de notre caractère, n'avons-nous pas éloignés de nous, faute d'avoir su les voir ou les comprendre ! Ils voulaient cependant devenir nos disciples, nos amis, même les serviteurs de notre cause au besoin. Refroidis par notre insouciance, ils se sont tournés ailleurs ; et qui sait si ce ne fut pas un malheur pour eux ?

Négligence et indifférence sont deux défauts plus

redoutables a l'homme, que d'autres qui, au premier abord, nous auraient paru plus à craindre, mais moins terribles dans leurs effets.

Ne quittons jamais le souci de nos intérêts matériels, pas plus que celui de nos intérêts moraux : si les premiers garantissent les nécessités de la vie, les autres en assurent le calme, nous donnent au besoin des partisans, et presque toujours des amis.

CII

**Quand tu es seul, songe à tes fautes.
Quand tu es en société, oublie celles des autres.**

Rien ne nous est plus moralisateur que de songer à nos fautes ; la solitude favorise singulièrement cette méditation. Qui les reconnaît et les envisage avec sang-froid, est bien près de s'en corriger. Il n'est nul homme, s'il a le courage de les regarder bien en face, qui n'en soit humilié au point de ne pas vouloir les commettre sciemment. L'important est de les reconnaître,

Si c'est un bienfait pour soi que d'envisager ses fautes, savoir fermer les yeux sur celles des autres, et au besoin les oublier, n'en est pas un moindre.

C'est se montrer à la fois modeste et généreux.

Avouons qu'il est assez difficile d'arriver à ce degré de perfection ; en vertu d'une faiblesse commune à l'humanité, on voit plus aisément les défauts d'autrui que les siens propres. Pourtant, il faut bien nous pénétrer de cette vérité : il y a plus de délicatesse et de bonté d'oublier les travers de l'homme, qu'il y a de sagesse à les relever, sous le prétexte d'études de mœurs.

Chacun, dans ce cas-là, ne colore-t-il pas sa malignité ou sa clairvoyance, d'un motif plus ou moins acceptable, qui, dans le fond, n'est trop souvent qu'une joie déguisée d'avoir à exhiber les imperfections des autres ?

Qui veut être franc ne se trompe pas là-dessus, à moins que la malice ne nous aveugle.

Quelques-uns, pour atténuer le mauvais effet de leur critique, ajoutent un mot de condescendance, à l'adresse de celui qu'ils déchirent à belles dents. Ils semblent vouloir cacher ce qu'ils montrent du doigt, étant bien aises, au fond, que chacun y voie comme eux.

D'autres ont une autre manie. Sous le prétexte d'un avis charitable, ils mettent à nu tous vos travers, dans le but, entendons-nous bien, de vous les faire éviter, ou de vous aider à les corriger.

Si on ne vous le demande, cet avis, de quel droit le donnez-vous? Croient-ils nous prouver une bonté bien loin de leur cœur ? Nul ne s'y trompe.

Ecoutez Mme de Rémusat : « L'habitude du blâme aiguise l'esprit beaucoup plus qu'elle ne l'étend ; mais, à coup sûr, elle dessèche le cœur et produit un mécontentement qui décolore la vie. Heureux celui qui meurt sans être détrompé! Le voile clair et léger qui sera demeuré sur ses yeux donnera à tout ce qui l'environne une fraîcheur et un charme que la vieillesse ne ternira pas. » Pensée délicate, sortie d'un cœur généreux ; attendu que le droit de blâme, ou de répression, n'appartient qu'à ceux qui ont qualité pour cela.

La vraie bonté pousse à l'indulgence, laquelle nous aide à ne voir les défauts des autres que d'un œil bienveillant. C'est aussi justice, si nous voulons qu'on agisse ainsi envers nous.

L'excellence du cœur est encore ce qu'il y a de meilleur en ce monde; s'en pénétrer est un doux bienfait pour chacun de nous.

CIII

Jamais on n'a vu marcher ensemble la gloire et le repos.

Quiconque veut jouir d'un doux repos, n'a rien à voir avec la gloire. S'il vit en paix, il n'a pas droit à autre chose ; ne connaissant pas les luttes, il est assez naturel qu'il ignore la joie de la victoire.

Il n'est pas seulement question de la gloire qui accompagne une action d'éclat ; il est question surtout de ces héros, si méritants, d'une vie humble et cachée, de ces âmes d'élite, n'attendant rien de la renommée pour accomplir en silence leur devoir parfois ardu, tout plein d'épines.

Ne faut-il pas du courage pour vaincre ses répugnances, dans les soins délicats à rendre à un malade, atteint d'une de ces affections si pénibles à soigner ? N'en faut-il point aussi pour dominer ses sentiments, afin de vivre en paix avec des gens hargneux, mauvais, ne comprenant rien, ni de la délicatesse de notre nature, ni de la sensibilité de notre cœur ? Ou bien encore, pour lutter avec ses défauts dominants, surtout si nous sommes d'un tempérament nerveux, ou si nous avons un caractère violent ?

Tant vaut le mérite de la lutte, tant vaut la gloire du succès.

Il n'est pas besoin de la crier sur les toits pour qu'elle se nomme ainsi. Elle est de bon aloi, écrite en caractères sacrés, au cœur même de celui qui a sacrifié son repos et ses aises à son devoir, comme à la bonne cause, quelque difficile qu'elle soit à conduire à bien.

Nulle joie n'est plus pure et plus délicieuse que celle qui suit la victoire, dans ces sortes de combats avec soi-même, ou avec ceux dont on est entouré : combats répétés souvent dans la retraite du foyer modeste, aussi bien que dans l'habitation de l'homme du monde ; combats ignorés de tous, excepté de ceux qui s'y trouvent en butte, et qui sont d'autant plus pénibles que la conscience est plus délicate.

« Il y a des joies sérieuses qui ne font rire que l'esprit », disait Mme de Lambert. Ce sont ces joies-là qui attendent aussi bien le lutteur que l'homme laborieux, fils de ses œuvres. Ce dernier a lutté, souffert pour arriver. S'il est méconnu, si on n'a pas su apprécier son travail, il ne lui reste que les joies causées par l'action intelligente de son esprit. Au contraire, s'il a été compris, sa joie se double de sa victoire, et de l'honneur d'avoir pu être utile à ses concitoyens, quand son œuvre est avantageuse et durable. N'est-ce pas la plus pure et la plus délicieuse de toutes les gloires ? Évidemment. Aussi n'est-elle connue que des lutteurs, des travailleurs, c'est-à-dire des âmes d'élite. »

CIV

A vaincre sans péril, on triomphe sans gloire.

Une victoire trop facile est rarement profitable à celui qui la remporte. Presque toujours, dans ce cas, il s'abuse sur son mérite personnel, et tend à s'en enorgueillir. Bien plus, il est porté aisément à croire que tout lui sera facile à soumettre ; c'est alors que, comptant d'une façon trop absolue sur lui-même, il néglige de prendre les précautions nécessaires à la réussite. Enfonceur de portes ouvertes, il tire vanité d'un succès qu'il croit dû à son habileté, tandis qu'il n'est souvent qu'une affaire de chance.

Somme toute, il s'illusionne sur ses capacités, et s'endort dans une sécurité telle, que plus tard les efforts lui seront pénibles, pour ne pas dire impossibles.

Il est bon, au contraire, de rencontrer des obstacles, de s'habituer à les vaincre, en considérant froidement les difficultés qui peuvent surgir. Ne nous laissons point abattre ; si nous employons toutes nos forces corporelles et morales à la lutte, nous aurons quelque droit de nous glorifier de nos succès.

Outre cette gloire légitime, première récompense du lutteur, nous nous créons souvent des ressources nouvelles, nous sentons notre caractère s'affermir dans une volonté ferme et soutenue, sans compter les idées neuves que l'effort fait naître, et qui sans cela auraient pu rester dans l'oubli.

Les efforts de volonté peuvent ne pas toujours assurer le triomphe; mais ils donnent certainement à l'homme une prudence nécessaire, dans bien des circonstances, ainsi qu'une prévoyance utile.

Qui n'a pas su apprécier le travail persévérant et de longue haleine de l'homme qui parvient à créer une œuvre quelconque, ne connaît ni le mérite de l'œuvre, ni la valeur réelle du travailleur, ardent, infatigable, se livrant sans trêve ni merci à la poursuite de l'objet conçu dans son esprit. En toutes choses, il est juste de considérer la peine et l'effort nécessaires à chacun, quand il s'agit d'atteindre un but sérieux et louable.

La légèreté avec laquelle nous apprécions, bien souvent, un bon nombre de travaux, prouve le peu de cas que nous faisons d'un mérite qui ne nous est pas personnel, parce que nous n'avons pas essayé de considérer l'âpreté de la lutte chez les autres.

Quelle belle puissance, pourtant, l'homme trouve en lui-même quand, ne se laissant ni intimider par les dangers, ni abattre par les obstacles, il se met courageusement à l'œuvre, coûte que coûte! Il passe sur les difficultés, les roule à ses pieds, en se jouant, ne tenant compte ni de ses sueurs, ni de ses efforts, ni de ses combats, les considérant comme un fait naturel pour arriver à ses fins.

La joie du travailleur, ayant atteint le résultat qu'il voulait, s'augmente en raison de toute la peine qu'il s'est donnée, ainsi que de la satisfaction du vainqueur.

« A vaincre sans péril, on triomphe sans gloire »; et, réussir sans peine donne un succès sans mérite ni valeur.

CV

Les malheurs sont utiles à l'homme, comme les tempêtes à l'océan : ils préviennent la corruption.

Après une journée chaude et lourde, s'il survient un orage, le vent chasse les miasmes de l'air, dissipe les vapeurs épaisses qui le remplissent pour faire place à un air vif et pur. On respire plus facilement, on se sent plus à l'aise ; la vigueur nous revient pour continuer le travail, quelque peu interrompu, vu l'énervement occasionné par une atmosphère embrasée.

N'est-ce pas un peu l'image des sentiments que doit ressentir l'homme, auquel une vie douce et facile semblait réservée, et qui, tout à coup, reçoit le choc d'un malheur imprévu, ou d'une catastrophe inattendue ? Il s'accoutumait à la douceur d'une existence facile ; mais, en même temps, il s'énervait et perdait, sans s'en apercevoir, dans le calme d'une vie paisible, ses forces vitales et son énergie.

L'épreuve, en rompant la monotonie de la vie, le fait sortir de sa torpeur. Elle lui permet de se replier sur lui-même, de se retremper dans une force dont il ignorait la puissance, n'ayant pas eu à la faire valoir. Dès lors, il envisage le malheur avec sang-froid, s'il sait mettre les ressorts de sa vitalité en mouvement, non, pourtant, sans en avoir senti le contre-coup.

Le malheur humilie ; il prouve aussi que nul n'échappe à ses coups. Tôt ou tard, il en faut être atteint : c'est le sort commun à l'humanité. Il nous prévient aussi que nous avons tort de nous abandonner, avec trop de confiance, aux jouissances de la vie. Sentinelle vigilante, l'épreuve nous avertit de nous tenir prêts à toute secousse. Mais, bah ! le souci du lendemain nous échappe sous les aises du moment.

Pour nous mettre en garde contre la rudesse du choc, pensons que s'il est des souffrances causées par notre faute, beaucoup nous arrivent sans que nous les ayons cherchées. Quelles qu'elles soient, elles nous préservent d'une complaisance secrète, sorte d'orgueil conduisant promptement à la corruption. Ainsi que la tempête vivifiant l'atmosphère, les épreuves purifient nos âmes.

En les supportant avec vaillance, l'homme en sortira plus fort, presque toujours meilleur : l'humiliation qu'elle lui occasionne ne le met-elle pas en garde contre ses faiblesses personnelles, tout en le rendant prudent pour l'avenir ?

Surtout ne perdons pas de vue que la vraie sagesse consiste aussi bien à prendre les choses du bon côté, qu'à supporter courageusement les malheurs qui nous accablent.

Si l'homme prouve sa force dans ses luttes, il la prouve mieux encore à la façon dont il se résigne.

CVI

Quiconque n'a pas de caractère n'est pas un homme ; c'est une chose que chacun peut manœuvrer à volonté.

Un homme sans caractère est soumis à toutes les influences du dehors. N'ayant pas de volonté propre, il est nécessairement l'esclave de toutes celles qui lui sont opposées.

Pour n'avoir pas voulu, ou n'avoir pas su s'en créer une, il en aura à subir mille autres, plus ou moins tyranniques.

Rien de si fatal à l'avenir que ces indécisions d'un caractère faible ! Ce qu'il veut aujourd'hui, demain il ne le voudra plus, sans autre raison que l'appoint d'un autre plus fort que lui.

Le moins habile peut y mettre la main, pour gouverner l'esprit, sans cesse flottant de droite ou de gauche ; il y parviendra sans peine, jusqu'à ce qu'un autre survienne pour le remplacer.

L'Homme sans volonté est un arbre à terre auquel chacun tire une branche.

Chose déplorable à constater ! Ce n'est pas toujours l'homme de valeur qui l'emporte ; c'est souvent le dernier venu. Ainsi qu'une girouette, le caractère faible tourne à tout vent, laissant de lui-même à tous ceux qui le veulent bien.

L'éducation sérieuse aura-t-elle, au moins, l'influence nécessaire pour donner à l'esprit mou l'énergie voulue ?

Evidemment, si elle est bien conduite. Elle forme le jugement, ouvre les idées, et les aide à discerner ce qu'il faut prendre et ce qu'il est bon de rejeter.

J'entends une éducation virile, plus solide que brillante, jointe à une variété de connaissances, fournie par une étude approfondie des choses. L'homme instruit a des armes pour se défendre contre des idées qui ne seraient pas tout à fait les siennes ; il peut fournir des arguments à l'appui des raisons qu'il avance, de même que pour combattre celles qu'on lui oppose.

Alors il n'agit point en aveugle, dès qu'il peut parler en connaissance de cause : il sait pourquoi il veut et pourquoi il ne veut pas ; c'est la force qui l'aide à diriger sa volonté.

« La faiblesse, c'est l'opposé de la force, a dit M. Rozan, et sans force il n'est point de vertu : le chemin du vice est lâcheté. »

Qu'est-ce à dire ? Sinon qu'une volonté bien dirigée s'établit sur des principes sérieux, et forme ainsi le caractère vertueux. Or, qui les communique à l'âme ? Une éducation bien conduite, aidée d'une instruction solide : l'une soutient l'autre.

CVII

**L'oisiveté ressemble à la rouille ;
elle use beaucoup plus que le travail.**

Qu'il est à plaindre l'oisif ! Toujours inoccupé, les heures s'écoulent avec une lenteur désespérante. Mortellement longues, les journées, comme les ans, lui semblent des siècles.

C'est en vain qu'il cherche à combler le vide immense, envahissant son être, par des distractions ou des plaisirs de plus d'une sorte. De tout on se lasse ; les plaisirs même ajoutent, par la satiété qu'ils engendrent, à la monotonie de l'existence du désœuvré. Il quitte un plaisir pour un autre, croyant y trouver un aliment nouveau ; tandis qu'il n'y rencontre, souvent, qu'un nouveau dégoût ou de cruelles déceptions.

Il s'use, il se blanchit, sous ce harnais de la paresse, beaucoup plus vite que le travailleur pour lequel les jours semblent ne jamais être assez longs, tant ils passent rapidement.

L'oisif sent bien mieux aussi les misères de la vie, n'ayant rien de sérieux à leur opposer comme dérivatif. Les chagrins lui font peur ; les petites maladies le terrassent, d'autant plus promptement, qu'il est tout occupé d'elles : de là des besoins factices qui, à la longue, deviennent de fatales réalités.

L'homme actif, lui, n'a pas le temps de s'écouter; le travail le presse, et, tout en le poussant, lui fait oublier les heurts du chemin : oubli bienfaisant, devenant pour lui une cause de paix, de santé souvent, et nécessairement de joie. Il secoue plus aisément les petites misères de la vie, n'ayant pas le temps de s'y arrêter. Il s'intéresse à tout, chante en travaillant, et le sourire se joue plus souvent sur ses lèvres que sur celles du malheureux, accablé par l'ennui d'une vie longue de désœuvrement.

On dit : « La bouche sourit mal quand le cœur est blessé. » Or le sourire de l'oisif est souvent contraint, s'il ne s'épanouit que d'après la satisfaction de son cœur. On ne peut être heureux qu'avec l'idée du devoir accompli : le paresseux ignore la vraie signification de ce mot.

S'il s'était habitué dès sa jeunesse à faire la guerre à ses tendances, à la mollesse, il aurait secoué les petites misères de la vie, aussi facilement que le voyageur secoue la poussière de ses pieds. N'ayant pas le temps d'y prêter l'oreille, il aurait moins souffert des malaises qui sont le lot ordinaire de l'humanité.

Chacun de nous les ressent avec plus ou moins d'acuïté; mais ils auront toujours plus de prise sur ceux dont le temps leur permet d'y faire bon accueil. Que de fois n'entendons-nous pas dire : « Ah ! si vous sentiez ce que j'éprouve, il vous serait impossible de travailler..... » Mal souvent plus imaginaire que réel, entretenu par la tristesse, la crainte sans cesse renaissante de l'inoccupé. L'indolence l'énerve et le consume ; tandis que la joie et l'espérance sont les trésors acquis à l'homme actif.

CVIII

Les mêmes souffrances unissent mille fois plus que les mêmes joies [1].

Deux hommes qui ont éprouvé les mêmes souffrances se comprennent, se devinent et s'identifient l'un à l'autre. Leurs peines mutuelles rendent leurs âmes sœurs. Si les liens du sang unissent fraternellement, les liens de la douleur unissent moralement : de là naît une sympathie commune que rien ne saurait troubler sérieusement.

La communauté de plaisirs, de distractions, formée dans la même société, n'a plus la même force : seule l'union des peines forme une chaîne indestructible que ni le temps, ni les événements, ne sauraient briser.

Par exemple, un navire fait naufrage ; deux hommes de l'équipage se sont sauvés, et restent seuls sur une terre inhabitée. Ils unissent leurs forces, leur intelligence, ou leurs moyens d'action, afin de pouvoir vivre en attendant leur délivrance. Cette communauté de souffrances, de luttes pour la vie, les rend frères, lors même qu'ils sont d'une condition différente. Les distances s'effacent ; ils

1. Lamartine.

ne sont plus que deux malheureux se communiquant leurs impressions personnelles, leurs idées et leur savoir-faire, pour les mettre au service de la même cause, celle de leur conservation.

Aussi, comme ils sentent vivement qu'ils sont nécessaires l'un à l'autre, comme la société de l'un devient précieuse à l'autre, et réciproquement! Rien que ce seul sentiment les rapproche autant, et plus encore, que les services mutuels qu'ils peuvent se rendre, pour les besoins de leur vie de détresse. Liés par le malheur et par la nécessité, ils le resteront indissolublement, quand des temps meilleurs auront adouci leur situation.

Dans un autre ordre d'idées, deux personnes sont soumises à la même épreuve : la mort d'un être chéri, ou la perte de biens péniblement amassés. En se confiant leurs peines, ou leurs angoisses, elles y trouvent un soulagement qui les rapproche et les unit.

Bien différente est l'union de deux amis dans le plaisir. Ils aiment à se rencontrer, à se confier leurs impressions, à jouir des mêmes distractions ; mais qu'un événement quelconque les sépare, le chagrin qu'ils en peuvent ressentir ne saurait avoir la même amertume ni la même durée que pour les autres. La vie reprend son cours pour chacun ; d'autres relations se forment ; et, peu à peu, les souvenirs, moins vivaces, se perdent dans l'entraînement des choses de la vie.

Pour les premiers, unis par l'épreuve, il leur restera toujours au fond du cœur un sentiment plus fort, excité par la mutualité des services, l'intensité des inquiétudes, ou des chagrins réciproques.

Pour les seconds, le souvenir peut rester doux et agréable; mais, si le temps ne le fait pas disparaître tout à fait, il se charge de l'atténuer fortement.

CIX

L'ignorance rend hardi ;
la réflexion rend circonspect.

Moins on sait, moins on craint. Voyez l'ignorant ; il s'avance, discute, émet son opinion avec autorité, comme quelqu'un ayant tout vu, tout entendu ; en un mot, connaissant tout.

Le savant, au contraire, se montre très modéré. Il sent que plus il s'instruit, plus il ignore. Aussi, il ne s'avance qu'avec prudence, modestie, et en s'excusant. Tandis que le premier montre une assurance superbe, le second marche à pas comptés, craignant de se tromper, et hésitant d'entrer en lutte : c'est que le vrai savoir est modeste ainsi que le vrai mérite.

D'autre part, et sous un autre point de vue, celui qui ne connaît pas le danger est audacieux. Il ne peut craindre un danger qu'il ignore. Dans certains cas, cette ignorance peut rendre service, mais dans beaucoup d'autres, elle peut être une cause de péril.

Pourquoi cette assurance d'un homme qui traverse un lieu suspect ? Il n'est si hardi que parce qu'il ne connaît point le danger auquel il s'expose. Il peut s'en tirer, comme il peut y succomber : c'est affaire de chance. Il ne s'y serait pas aventuré, s'il avait su ; son assurance vient de son ignorance.

Qu'un autre, instruit des risques qu'on peut y courir, s'y engage; il tremble, le moindre bruit le fait tressaillir; c'est pourquoi il se hâte, ne reprenant son calme qu'après en être sorti.

Je ne sais plus qui a dit que « la volonté doit commander aux sentiments. » Assurément; mais est-on toujours libre de gouverner ses impressions? Plus d'un trait historique montre que, si on les domine un instant, on ne les fait pas toujours disparaître. La preuve est en ceci : Vous devez suivre une route. On vous raconte, au moment de vous y engager, qu'un crime vient de s'y commettre; ce récit vous rend peureux, ou au moins très nerveux. On n'eût rien dit, vous passiez hardiment, sans émoi; c'est donc l'impression, et non le danger, qui a influé sur votre système. La volonté vous fait suivre, quand même, ce chemin qui fut dangereux hier, qui l'est moins aujourd'hui; mais vous ne vous défendez pas, quelque hardi que vous soyez, d'un frisson plus ou moins fort, tant que vous ne serez pas sorti de la voie.

Pourtant, vous vous êtes tenu en éveil; vous avez réfléchi qu'il était peu probable qu'un second crime s'y commît à si court intervalle. La réflexion vous a rendu circonspect, mais n'a pu empêcher le travail nerveux de votre être, que la volonté domine un instant, mais qu'elle ne peut tout à fait anéantir.

Conseil : Il est toujours prudent de réfléchir avant d'agir.

CX

Qui ne peut galoper, trotte.

Tout le monde n'est pas habile au même degré, pas plus que tous jouissent de la même adresse.

Ce n'est pas toujours celui qui peut le plus, qui fait le mieux : l'important est de savoir exploiter judicieusement ses facultés. Leur bon emploi constitue le vrai mérite.

Voyez le petit enfant, commençant à marcher tout seul. Il ne court pas, ses jambes ne sont point assez agiles ; mais il trotte, et c'est assez pour aller où il veut. Il n'en réussira pas moins à se rendre à tel endroit de l'appartement, que sa petite idée a décidé d'explorer. Il en prend tous les moyens, s'accrochant ici, aux chaises ; là, à un meuble ; tournant les difficultés pouvant entraver sa marche, s'il n'a plus la force de les éviter.

Il ne se rebute point ; il poursuit son idée malgré les entraves. Le chemin devient-il libre ? il recommence son trot d'un air décidé, marque d'une volonté bien arrêtée. N'est-ce point là la frappante image de ceux qui, ne pouvant beaucoup, exécutent le peu qui est en leur pouvoir avec la ténacité de l'enfant ?

Il est consolant, pour la moyenne, de pouvoir constater que les plus habiles ne sont pas toujours ceux qui mènent à bien certaines affaires. Comptant précisément sur leurs avantages, ils s'y fient un peu plus qu'il ne le faudrait ; et, quand ils croient atteindre le but, souvent ils s'aperçoivent, qu'ayant agi trop précipitamment, ils ont oublié de prendre les précautions utiles, capables d'assurer le succès.

Une marche forcée, ou quelques négligences, suffisent pour entraver la bonne conduite des choses.

Au contraire, l'homme d'habileté moyenne, s'il agit posément, s'il prend certaines précautions, arrive sans bruit, sans éclat, où beaucoup échouent.

La volonté, centre de la force de l'homme, fait plus pour la réalisation des projets, que les idées ingénieuses, lorsqu'on n'a pas le soin d'équilibrer leur valeur relative, ou même leur importance, dans la fin convoitée.

Mais que l'homme sache en tirer tout le parti possible avec prudence et réflexion, ou encore avec la sagacité d'un esprit vif et pénétrant, il gagnera sa cause. Or, ce dernier don n'étant pas à la portée de tout le monde, il est sage de se contenter de la vraie moyenne, suivie avec prudence et circonspection.

« Qui ne peut galoper, trotte. »

CXI

L'événement confond souvent la prévoyance.

Théophile Gauthier nous a montré fort spirituellement cette vérité, dans son récit sur sa chatte et le perroquet. Vrai tableau de maitre, si bien peint, qu'on peut suivre, avec un vif intérêt, les sensations diverses des deux acteurs du récit.

La doucereuse bête, la chatte, avait bien établi ses plans pour mettre sa griffe sur l'oiseau inconnu; c'est elle, au contraire, qui fut obligée de céder la place, effrayée d'entendre une voix étrange, semblable à celle de l'homme, sortir du gosier du petit étranger.

Emue et troublée, elle se cache, pour entendre la fin de ce qu'elle croit être un danger.

Combien de faits, nous paraissant prodigieux, proviennent parfois d'une cause guère plus sérieuse que celle fournie par la routine : telle que de savoir apprendre à parler à certains oiseaux, par exemple.

Lors même que l'événement ne répond pas toujours à notre attente, devons-nous simplement nous en rapporter aux coups du sort? Evidemment non. Ceux qui mettent fatalement sur le compte de la destinée les faits marquant notre vie, ont grand tort.

D'abord, quand l'événement ne répond pas à nos espérances, c'est plutôt un fait rare qu'habituel ; or, il serait absurde de prendre les exceptions pour guide, car l'expérience nous prouve, chaque jour, qu'on a rarement à regretter d'avoir été prévoyant.

D'ailleurs, c'est être fort que de s'habituer à l'idée des déceptions, afin de les supporter courageusement : c'est montrer de la prudence, de chercher à prendre les moyens de les éviter.

L'étude de la vie n'est-elle pas faite sur ces deux mots : force et prudence ? Elle s'appuie aussi sur l'expérience : cette dernière, surtout, nous aide à en éviter les malheurs, dans bon nombre de cas, et à en parer les inconvénients.

Si, malgré nous, nous subissons le coup d'un événement pénible, il nous reste la satisfaction de n'avoir pu faire mieux : c'est beaucoup d'avoir le témoignage satisfaisant de sa conscience ; il en résulte un calme relatif, qui nous permet d'agir en vue de soutenir nos intérêts dans la suite.

L'imagination joue souvent un rôle prépondérant dans nos prévisions : c'est surtout lorsqu'un vif désir de les voir aboutir nous pousse en avant. C'est même le moment le plus heureux de la vie. Ne nous est-il pas arrivé d'être moins satisfait, après avoir atteint le but, que dans les moments d'attente ? Combien de fois nos espérances réalisées ne nous ont pas donné toutes les jouissances entrevues ! La réalité n'est pas toujours aussi poétique

que le rêve; c'est pourquoi nous devons nous défier de nos tendances à bâtir des châteaux en Espagne. Pourtant, il n'est pas inutile de laisser un peu courir notre esprit. Ecoutez à ce sujet M. Gréard :

« L'imagination est la poésie du sentiment ; elle ouvre les horizons à la pensée, la pare, la colore, et l'ennoblit : elle est la grande réparatrice, la consolatrice suprême des vicissitudes, des misères, des inégalités de la condition humaine. » Les instants pendant lesquels nous subissons les influences salutaires de notre esprit, toujours ingénieux à former des rêves, plus ou moins réalisables, nous nous sentons heureux. Ce sentiment intime, du bonheur entrevu, nous a rendus meilleurs ; rien ne dispose mieux à la bonté, à l'indulgence, qu'une douce espérance.

Quand l'événement joyeux, attendu, ne répond pas à nos désirs, son souvenir, soutenu de l'espérance qui vit constamment au cœur de l'homme, nous aide à supporter patiemment la déception.

CXII

C'est dans les grands dangers qu'on voit les grands courages [1]. **C'est aussi, et surtout dans les mille soucis de 'la vie, qu'on voit les grands cœurs.**

Il faut être brave pour exposer sa vie dans un grand danger. Ce mépris de la mort naît du vrai courage, ou de la surexcitation de l'esprit, poussé par la bonté du cœur. La bravoure, dans ce cas, n'est pas le résultat d'une volonté calme ; c'est le fruit de l'enthousiasme pour le beau, le bien, ou l'amour vrai de l'humanité.

S'il faut du courage pour risquer sa vie, même lorsque l'âme est sous le coup de l'exaltation du bien, il en faut, et du véritable, pour supporter sans sourciller les mille misères inhérentes à l'humanité. Nul sentiment ne le soutient mieux en notre âme que celui de la dignité, joint au désir de remplir son devoir, sans avoir toujours l'approbation, si précieuse pourtant, de ceux qui nous sont chers.

Pour accomplir ce devoir délicat, intime et caché,

1. Regnard.

nous sommes seuls dans le calme plat de la monotonie de la vie journalière.

« L'homme mourra seul », disent les Saintes
Ecritures. Disons, nous aussi : « L'homme luttera
seul. » Il sera seul pour refuser satisfaction à ses
passions, malgré leurs sollicitations pressantes et
charmeuses. Il sera seul pour supporter certaines
souffrances de l'âme et du cœur, venant quelquefois
d'êtres chers et aimés. Il sera seul à l'abandon d'un
ami, à la trahison d'un quelqu'un, qu'il croyait
avoir gagné à sa cause, par sa confiance et son
abandon. Il sera seul, enfin, à subir l'humiliation
venue de ceux qu'il aime le plus, mais qui ne le
comprennent pas toujours.

Son âme est bien trop fière pour s'épancher en
certaines circonstances. Ou plutôt une pudeur naturelle lui ferme la bouche, sachant qu'il restera
incompris, quand il aurait tant envie de crier à
tous : « Voyez mes luttes ; écoutez mes alarmes ;
comprenez la souffrance de mon âme. »

Ne faut-il point aussi du caractère pour supporter une misère imméritée ? pour vivre avec un
esprit mal fait, souffrir les impertinences de gens
qui semblent n'avoir été mis au monde que pour
vous faire la vie dure ? Et les douleurs, et les chagrins s'entassent, sans compter ceux qui sont four-
nis par les maladies, menaçant la vie d'êtres aimés,
quand ce n'est pas soi-même, pour abreuver le
cœur et l'âme d'amertumes.

J'affirme que ceux qui se débrouillent bravement au milieu de ces misères humaines, ont au moins autant de courage, sinon plus, que bien des héros auxquels on décerne le prix du vainqueur.

Au moins, ceux-ci connaissent l'enivrement de la victoire, le charme d'être appréciés du plus grand nombre ; tandis que les autres sont souvent privés de toute consolation, même les plus légitimes et les mieux autorisées.

CXIII

Aimez qu'on vous conseille, et non pas qu'on vous loue [1].

Voilà un précepte méconnu de beaucoup. On admet volontiers la louange ; peu les conseils, en général ; et, quant au blâme, on le rejette vivement.

La louange, il est vrai, flatte notre amour-propre. Si elle est donnée adroitement, on la reçoit comme chose due à notre mérite, lors même qu'elle nous semble un peu exagérée. Ne croit-on pas en avoir gagné, tout au moins, une part raisonnable ?

Les conseils ne nous trouvent pas toujours disposés à les recevoir aimablement. A moins qu'ils ne nous viennent de gens ayant qualité pour cela, nous n'admettons guère qu'on se croie autorisé à nous adresser des avis. Souvent même, sans nous donner la peine de réfléchir à leur importance, nous les rejetons vivement avec impatience et dédain.

Quant au blâme, c'est encore ce que nous admettons le moins. Notre esprit se montre presque toujours rebelle de ce côté ; à moins que nos torts

1. Boileau.

soient tellement évidents, qu'il n'y ait aucun moyen de les dissimuler. Dans ce cas, on fait contre mauvais vent, bonne figure, si l'on n'est pas un sot.

L'homme tient tant à la bonne opinion d'autrui, qu'il lui en coûte toujours beaucoup de ne la point mériter. Pascal n'a-t-il pas dit dans ses *Pensées :* « L'opinion est comme la reine du monde, la force en est le tyran ? » C'est précisément la raison qui devrait nous exciter à la gagner, sans toutefois nous en rendre les esclaves : la droiture de la conscience doit toujours primer le « qu'en-dira-t-on. »

Mais si, pour suivre le précepte de Boileau, nous devons préférer le conseil à la louange, celle-ci a pourtant du bon. Il nous a toujours paru nécessaire d'encourager les esprits faibles et timorés, doutant toujours d'eux-mêmes et de leur talent.

C'est une arme à deux tranchants, sans doute, arme dont il faut se servir adroitement, si nous ne voulons pas faire fausse route. Dépasser le but, dans ce cas, serait nuisible au sujet auquel nos louanges s'adressent : du tact, de la clairvoyance suffiront seuls à nous guider.

Quant à nous, acceptons la louange simplement, si nous reconnaissons qu'elle nous est due quelque peu. Sinon, ne craignons pas de la rejeter héroïquement, si nous ne voulons pas manquer à la délicatesse, même à l'honneur.

Habituons-nous aussi à accueillir les avis avec

déférence, avec amabilité ou humilité, et même, selon leur importance, avec reconnaissance. Nul n'est assuré de faire bien en toute occasion ; il est précieux, dès lors, de recevoir les conseils de nos amis ou de personnes d'expérience.

Aussi bien, ne perdons pas de vue que du choc des idées jaillit la lumière. Qui dédaigne celles des autres sans raison valable a grand tort. Quand le conseil descendrait jusqu'au blâme, ne nous fâchons pas. On tirera plus de profit d'une réprimande reçue humblement, qu'on n'en tirerait en se piquant, ou même en la rejetant violemment, lors même qu'elle nous semblerait exagérée.

Le bon esprit supporte le blâme ; il tâche d'en faire son profit, sachant bien que nul n'est assuré de ne point commettre les fautes qu'il relève chez les autres.

CXIV

Travailler est la loi commune : l'homme est né pour travailler, comme l'oiseau pour voler.

Le travail est la vie de l'homme, comme il l'est de tous les êtres. Sur la terre, tous nous subissons la loi commune : loi d'asservissement, mais loi bienfaitrice ; le travail développe les facultés de l'homme, en même temps qu'il est une cause d'élévation morale.

L'instinct seul de l'animal le guide ; ce qu'il a accompli il y a mille ans, il le fait encore sans perfectionnement, ni changement.

L'homme, par les facultés de son esprit, a pu l'ennoblir. Avec sa volonté, son intelligence et sa persévérance, il a accompli de merveilleux progrès, aussi bien dans les arts que dans les sciences, et la littérature. Nul ne sait au juste jusqu'où il peut aller encore. L'avenir en garde le secret.

Selon Platon : « L'homme est une âme qui se sert d'un corps, comme un ouvrier d'un outil. » Jusqu'ici, elle a creusé un grand nombre de mystères, approfondi plus d'un secret ; découvertes dont elle s'est servie pour franchir des obstacles qu'on avait cru longtemps insurmontables, reculant ainsi, dans son activité féconde, de telles limites, que, jusqu'ici, elles nous avaient paru ne pouvoir être dépassées. Quand l'homme s'arrêtera-t-il? Dieu seul le sait !

Le travail a été imposé à l'homme, pour gagner son pain de chaque jour et se procurer les aisances de la vie. Il est devenu entre ses mains un instrument productif du bien-être et de la richesse, selon qu'il a su l'exploiter avec tous les avantages possibles. Il est aussi pour lui une cause de développement physique et intellectuel, et de perfectionnement moral.

Manuel, le travail développe les muscles, détend les nerfs, occupe utilement l'esprit et détermine une certaine adresse de nos sens. Ainsi la vue s'exerce en s'habituant à observer : d'un coup d'œil, l'ouvrier adroit voit s'il y a lieu d'ajouter ou de retrancher. Les mains deviennent souples, adroites et, au besoin, gagnent un tact infiniment délié : telles chez l'horloger, le bijoutier, et chez beaucoup de femmes dont les doigts exécutent des merveilles d'élégance et de bon goût.

Le travail intellectuel étend la mémoire et la nourrit, forme le raisonnement, affermit et assainit le jugement. L'intelligence, en se développant, gagne une puissance qui restera toujours inconnue à ceux qui vivent terre à terre. Un simple parallèle suffit à prouver la supériorité des premiers sur les derniers : comparer l'ignorant au savant.

Outre ces bienfaits du travail, il est encore le gardien fidèle de la vertu de l'homme. Le travailleur ignore l'ennui, le désœuvrement. Tout à son œuvre, le temps s'écoule rapide, pour lui, sans qu'il ait le loisir de s'arrêter aux désirs désordonnés du cœur et de l'esprit. Triple avantage bien capable de nous faire aimer le travail,

CXV

La patience est un arbre dont la racine est amère et dont les fruits sont doux.

La patience est la vertu des forts ; elle peut être acquise ou naturelle.

L'homme né violent, qui devient patient à force d'énergie et de volonté, mérite d'être loué. Celui qui, par caractère, conserve son sang-froid dans les circonstances difficiles, prouve qu'il sait garder envers lui ses dons naturels pour les exploiter au besoin.

L'un et l'autre ont leur mérite. Comment, en effet, le caractère bouillant peut-il rester calme sans de grands efforts, contre certaines injustices ? ou en présence de noires malices, ou de petitesses sottement ridicules ? Le combat est rude parfois, pour ces tempéraments-là. Il n'est pas moins pénible pour un cœur sensible et doux. Il y a de ces choses que l'on comprend si peu ! Si ce dernier ne l'emporte pas, il n'en souffre pas moins.

N'importe ! si difficile qu'il soit de se maîtriser dans maintes circonstances, le vaillant, qui sort victorieux de la lutte, mérite nos éloges ; c'est peu de chose, pourtant, en comparaison de la récompense qu il rencontre dans la vive satisfaction qu'il éprouve.

D'ailleurs, on se repent presque toujours d'avoir écouté les bouillonnements du cœur ; rarement, de les avoir réprimés. N'est-il pas vrai qu'en perdant patience, on dit plus qu'on ne pense? Souvent, aussi, on lance des mots pénibles, que, dans le calme, on regrette d'avoir prononcés.

De là, une confusion véritable. On sent sa dignité abaissée au niveau du sot, cause de notre irritation ; c'est la leçon la plus honteuse qu'un homme d'esprit ou de bon sens puisse recevoir. Il n'est pas moins humilié quand, par son impatience, il a compromis le résultat d'un travail difficile et délicat. Ici, la leçon n'est pas seulement honteuse, elle est préjudiciable à ses intérêts.

D'après M. Rozan : « De la patience du caractère procèdent la politesse et la douceur ; la patience de l'esprit donne la persévérance, et la patience du cœur, la résignation. » En un mot, patience et douceur sont les deux mots de passe, pour nous guider fidèlement dans les circonstances difficiles de la vie.

Il suffit d'avoir un peu de jugement, un grain de raison, pour nous aider à dominer nos tendances à l'emportement : le bon sens nous éclaire, nous guide et nous retient.

Aussi, quoi qu'il en coûte à notre amour-propre, à nos délicatesses, à notre instinct du juste, dans les moments difficiles, faisons appel à notre courage ; opposons à la cause qui nous irrite, notre raison et notre dignité ; nous aurons plus de force pour régler les mouvements impétueux de notre cœur, et une vue plus nette en notre sang-froid : double avantage qui nous permettra de regarder froidement les choses, et de rester maître de notre volonté. Nous y gagnerons alors une douceur exquise, fruit de la victoire remportée sur nous-mêmes, et la joie intime de nous être dominés.

CXVI

L'ordre a besoin de trois serviteurs : la volonté, l'attention et l'adresse.

L'ordre est la qualité par excellence pour assurer la prospérité, ou simplement la bonne marche d'une maison.

Il n'est pas toujours aussi facile qu'on le pense d'avoir de l'ordre. D'abord, il faut vouloir, et ce n'est pas une petite affaire que de savoir gouverner sa volonté ! N'est-elle pas souvent molle, flottante ou nulle ? On ne sait au juste ce qu'il faut faire ; le temps passe sans que l'on ait rien décidé, juste au moment où il faudrait qu'elle fût ferme, prompte et décisive pour mener à bien le train de sa maison, ou la marche de sa tâche.

A force de bonne volonté, on y arrivera évidemment ; mais, pour quelques tempéraments, ce n'est pas l'œuvre d'un jour.

A la volonté, il faut joindre l'attention. Observer, c'est voir comment on peut utiliser les choses ; de quelle façon elles doivent être organisées, afin d'en tirer tout le parti possible. C'est aussi acquérir du coup d'œil, qualité qui tranche d'un seul bond les indécisions du caractère. L'esprit attentif et sérieux arrivera à connaître en quoi consiste une organisation intelligente.

Combien croient avoir de l'ordre, et n'ont jamais su trouver la bonne place qui convient à tel ou tel objet ? C'est presque un art ; en tous cas, on n'y arrive point sans une certaine adresse.

N'est pas adroit qui veut ; ou c'est un don naturel, ou plus souvent, encore, une qualité acquise. L'esprit d'observation en facilite l'étude, comme de tout ce qui est susceptible de s'apprendre : voir comment on s'y prend pour accomplir telle tâche, débrouiller caractères et choses, enfin, pour arriver à une sorte d'habileté en tout, ne s'acquiert qu'avec de bonnes habitudes, formées peu à peu en celui qui sait voir.

L'ordre prouve ordinairement un esprit bien équilibré ; c'est aussi l'image d'un cœur pur et calme. Rarement les personnes adonnées aux plaisirs bruyants, sont des gens d'ordre : la vie du dehors ne s'accorde guère avec cette vertu.

La paresse, également, l'ignore : celui qui n'aime point le travail, ne saurait acquérir le véritable esprit d'ordre.

L'ordre exige aussi de la fermeté de caractère ; une personne faible a rarement le soin réclamé de la bonne tenue de sa maison, et de la conduite régulière de ses affaires. Il veut en même temps qu'on ne perde pas de vue l'équilibre de ses ressources, pas plus qu'il n'admet l'imprévoyance.

C'est pourquoi l'ordre a besoin de trois serviteurs ; volonté, attention et adresse,

CXVII

Le meilleur moyen de bien dire est de bien savoir.

> Ce que l'on conçoit bien s'énonce clairement,
> Et les mots pour le dire arrivent aisément.   (BOILEAU.)

C'est une vérité dont chacun devrait bien se pénétrer. Beaucoup n'y pensent point. Ils parlent de tout avec un aplomb superbe, sans s'être rendus un compte exact de ce qu'ils avancent. La confusion suit ordinairement leur assurance. Ils ne s'y exposeraient pas, s'ils avaient appris à réfléchir avant de parler, et à ne parler qu'avec connaissance de cause.

Une erreur souvent répétée dénote de la légèreté, et finit par nous abaisser dans l'esprit des autres. On a beau faire preuve d'intelligence, on perd la confiance, on fait tort à son jugement, et l'on s'attire ainsi une foule de mécomptes, auxquels ne s'expose point une personne avisée.

Parler peu et bien, est presque une vertu. Dire seulement ce dont on est très sûr, n'affirmer que ce que l'on a bien compris, nous appuient moralement auprès des autres.

Le premier résultat de cette excellente habitude, c'est qu'on nous croit sur parole; qu'on n'ose nous contredire, si ce n'est en parfaite connaissance de cause : ce qui donne lieu à des discussions souvent fort intéressantes, ou simplement piquantes, chacun croyant avoir raison. Pour en arriver là, il est nécessaire d'apprendre sérieusement, et de ne s'avancer qu'étant certain du sujet de la question. On acquiert alors un esprit sérieux, capable de juger, chose inconnue des gens superficiels. Dieu sait ce qu'est la vie de ceux-là, pour eux et leur entourage!

Laissons la parole à Mme de Staël : « Si l'on examine le cours de la destinée humaine, on verra que la légèreté peut conduire à tout ce qu'il y a de mauvais en ce monde. Il n'y a que l'enfance de qui la légèreté soit un charme ; il semble que le Créateur tienne encore l'enfant par la main, et l'aide à monter doucement sur les nuages de la vie. Mais quand le temps livre l'homme à lui-même, ce n'est que dans le sérieux de son âme qu'il trouve des pensées, des sentiments, des vertus. »

Pour aller au sérieux de l'âme, il nous est nécessaire de nous accoutumer de bonne heure à réfléchir, à concevoir nettement ce dont on nous instruit. Par là, nous apprendrons non seulement à bien dire, mais encore à bien vivre ; nous éviterons ainsi les inconséquences du langage, en même temps que la légèreté, si funeste à la bonne conduite de nos sentiments.

CXVIII

Le riche est plus heureux par le bien que son argent lui permet de faire, que par la jouissance de la fortune qu'il possède.

On dit généralement ce mot : « La richesse ne fait pas le bonheur. » On le dit, et on n'y croit pas.

L'argent, il est vrai, procure des aises, des jouissances ; mais le bonheur ne s'y trouve point. Il plane au-dessus : le petit nombre seul sait l'atteindre ; la majorité trop souvent s'égare : elle le cherche où il n'est pas.

Et d'abord, les aspirations de l'homme sont trop vastes pour que l'or suffise à le rendre heureux. Il s'habitue au luxe, aux aises de la vie : habitude qui engendre la satiété ; or, la joie de posséder n'existe plus pour lui : ses goûts s'émoussent, d'autant plus vite, qu'il lui est facile de les satisfaire.

Ensuite, l'argent ne préserve ni des maladies, ni de la mort, ni d'une foule d'autres soucis, lot de la nature humaine : ce n'est donc pas dans la possession des richesses qu'on arrive à la paix, au bonheur.

Je me trompe. Il y a un moyen d'être heureux par la fortune ; c'est d'aider de notre bourse ceux qui ne possèdent rien : nul acte ne double mieux la jouissance que celui de donner. Est-ce bien ce qui a lieu ordinairement? Hélas ! non. C'est un privilège réservé seulement à quelques âmes d'élite. Personne n'est plus généreux que celui qui n'a rien. Il donnerait, s'il était riche ; il organiserait une foule de bonnes œuvres, ferait des fondations importantes. Tout plein de beaux projets, il croit fermement qu'il les accomplirait. La fortune lui vient-elle par héritage, ou par spéculation? il semble oublier ses excellentes résolutions ; ou bien, il les délaie dans des raisons qu'il croit aussi justes, que ses projets lui semblaient raisonnables, avant de posséder.

Malheureusement la soif des richesses l'emporte souvent sur la philanthropie. Il se trouve une foule d'exigences dans la nouvelle position, créée par la fortune ; on ignorait jusqu'à quel point on est tenu de faire comme les autres. Avec de semblables théories, on arrive tout doucement à oublier les bonnes résolutions, prises pendant la détresse première, pour goûter toutes les jouissances du moment.

Pourtant l'homme, croyons-le bien, se prive de la plus douce satisfaction qu'il lui soit donné d'éprouver : celle d'ouvrir largement sa bourse aux infortunés.

Mais, pour jouir amplement de ces joies sereines des âmes généreuses, il est bon de savoir parfois retrancher un peu de son nécessaire, ou se priver d'un objet de prix ou de luxe, en faveur du pauvre.

La privation double la valeur de la charité. Ce n'est pas le superflu, versé dans la main de l'infortune, qui constitue le charme délicat de l'aumône ; c'est le partage de sa petite part avec celui qui n'a rien.

« Faire le bien, disait Balzac, ce n'est pas prendre de l'argent dans une bourse qui en regorge : c'est endurer la privation à cause de sa générosité ; c'est souffrir de son bienfait ; c'est s'attendre à de l'ingratitude. La charité qui ne coûte rien, le Ciel l'ignore. »

En charité, comme en toute œuvre grande, il n'y a de mérite vrai que si le fait comprend la privation ou une peine quelconque. Il serait vraiment trop facile d'être vertueux, s'il n'en coûtait rien à notre nature : la victoire sur nos penchants ne nous est si douce, qu'autant qu'elle nous a davantage coûté.

CXIX

La vanité fait parler beaucoup, et la légèreté empêche la réflexion qui ferait souvent garder le silence[1].

Se mettre en avant pour montrer son savoir, en faire sans cesse parade, est le fait du vaniteux. Il n'y a de conversation que pour lui, les autres ne comptent pas ; aussi, s'en donnant à cœur joie, il parle autant à tort qu'à droit.

Esprit léger et superficiel, il ne s'aperçoit pas qu'il ennuie les autres de son bavardage, ou au moins qu'il les intéresse fort peu. Loin de là ! il croit être intéressant, même attrayant. La politesse des personnes qui l'écoutent lui semble un hommage rendu à sa capacité. Le regard qu'il lance de droite et de gauche, sans se donner la peine de voir, suffit à montrer la complaisance qui le porte à se croire le héros de la société. Il ne s'aperçoit pas, selon le mot de Pascal, « que leur silence même est médisance. »

Si sa suffisance s'arrêtait là, il ne ferait de tort qu'à lui-même ; mais presque toujours, pour appuyer son dire, il parle sans réflexion, avançant comme certain ce dont il n'est pas sûr, jusqu'à compromettre les autres, ou tout au moins la sûreté des faits qu'il affirme. Sa vanité l'a rendu ridicule ; sa légèreté le rend blâmable.

1. Fénelon.

S'il s'était donné la peine de raisonner, de rentrer en lui-même, il ne s'exposerait point à ce ridicule ; mais ce qu'il ignore le plus, c'est que « la raison est la faculté de l'absolu et du parfait en tous genres. » A la condition, toutefois, qu'elle s'appuie sur un jugement sain et droit. Il ne s'est jamais donné la peine de s'entendre avec elle, c'est pourquoi elle ne saurait être son gouvernail.

Parlant sans penser, il n'entend que le bruit de ses paroles, sans se rendre compte du sens qu'on peut y attacher et que, plus que tout autre, il devrait rechercher avant de les prononcer. Sa suffisance lui fait oublier de prendre les précautions les plus élémentaires, ou que le plus simple bon sens commande à toute personne qui se respecte.

Il s'écoute ; cela suffit à sa vanité. N'apportant que du vide, il s'en retourne à sec. A-t-on jamais vu les bavards ou les vaniteux tirer parti des dons intellectuels des autres ? Ils sont trop pleins d'eux-mêmes pour croire qu'ils ont besoin d'acquérir.

Que leur a-t-il manqué jusqu'ici, à ces esprits légers et présomptueux ? Un peu d'effort, un peu de volonté, un peu de réflexion.

« Il y a un suc dans les mots, a dit Joubert, et quand une fois l'esprit en a goûté, il y tient, il y boit la pensée. » C'est ce que n'a pas su faire le superficiel ; il n'est jamais entré au cœur d'une idée, encore moins au fond d'un mot.

CXX

Mère, si ton enfant grandit sans être un homme ;
S'il marche efféminé vers son devoir viril ;
Si d'un instinct pratique et d'un sang économe
Sa chair épouvantée a l'horreur du péril ;
Si, quand viendra le jour que notre honneur réclame,
Il n'est pas là, soldat, marchant sans maugréer,
O mère, ta tendresse a mal formé cette âme !
S'il n'a pas su mourir, tu n'as pas su créer !

PAUL DÉROULÈDE.

Elle est belle la leçon contenue dans ces vers tout palpitants de patriotisme ! Que ce souffle divin passe dans le cœur des mères françaises, pour les aider à continuer les traditions d'héroïsme laissées par nos aïeux, dans l'éducation qu'elles doivent à leurs fils.

Sans leur demander le cri stoïque de la Spartiate : « Dessus ou dessous ! » on doit désirer que toutes aient cet élan du cœur, qui élève si haut certaines femmes distinguées, dans leur conseil d'adieu : « Meurs plutôt que de faillir à l'honneur ! »

C'est à la femme, c'est à la mère surtout, de relever le patriotisme, qui tend à baisser avec nos mœurs douces et faciles, et aussi avec les habitudes de bien-être et de luxe, qui gagnent toutes les classes de la société.

L'éducation des jeunes gens, en général, manque de virilité; on les élève trop pour soi, pour satisfaire son orgueil maternel. On veut les soustraire aux dangers, aux souffrances, coûte que coûte : les bras de la mère ne semblent jamais assez grands, ni assez forts, pour entourer ces jeunes êtres, afin de les préserver. Au lieu d'employer les puissances de son amour à les conduire par le chemin rude de la vie, elle les emploie, trop souvent, à les énerver. Et quand arrive le moment fatal, ni l'un ni l'autre ne sont prêts à soutenir la lutte.

Au contraire, si l'amour vibrant de la mère sait immoler ses joies intimes de la maternité pour faire de son fils un homme, si elle lui a fait comprendre que l'amour de la patrie est le premier et le plus grand de tous les amours, elle a su créer, selon la belle expression du poète. Cet enfant, sa plus chère espérance, saura, quoi qu'il lui en coûte, marcher au chemin de l'honneur.

Fénelon disait : « J'aime Dieu plus que ma patrie; ma patrie, plus que ma famille; et ma famille plus que moi-même. » Cette belle pensée devrait être gravée en traits de feu dans le cœur des mères.

On raconte qu'au cours des guerres d'Italie, sous le second empire, la femme d'un de nos vaillants généraux apprit que son mari venait d'être mortellement blessé. Sous le coup de cette affreuse nouvelle, cette femme énergique prit son fils, âgé de deux ans seulement, et, l'élevant dans ses bras, jeta ce cri sublime : « A ton tour, maintenant, de venger la mort de ton père. »

De telles âmes ne sont pas aussi rares qu'on le pense. Il suffit que l'occasion les révèle, montrant à tous que le sentiment patriotique n'est point un vain mot, dans notre cher pays de France. C'est à la mère qu'il appartient surtout de le conserver, ou de le fortifier.

CXXI

Le monde réel a ses bornes; le monde imaginaire est infini. Ne pouvant élargir l'un, rétrécissons l'autre.

Le monde réel, c'est la vie avec ses devoirs, ses nécessités, ses déceptions et ses peines.

Le monde imaginaire, c'est le monde des rêves, vu et fécondé par une imagination active, désireuse de bonheur. Hélas ! nous bâtissons tous, plus ou moins, dans le monde des rêves. Nous voulons le bonheur à tout prix; le malheur, c'est que nous le cherchons là où il n'est pas.

Voir la vie bien en face, avec ses exigences de toutes sortes, est raisonnable. Sans nous en exagérer les ennuis ou la monotonie, il est bon de se rendre un compte aussi fidèle que possible des devoirs journaliers qui nous incombent, afin que nous puissions les accomplir. D'ailleurs, il s'y trouve des jouissances qu'il est bon d'apprécier. Si la balance est bien équilibrée, nous verrons que celles-ci l'emportent encore assez souvent sur les ennuis. En y joignant la satisfaction intime d'avoir fait ce que nous avons dû, nous trouverons, tout compte fait, qu'il est encore meilleur d'entrer résolûment dans la vie qui nous est faite, avec son cortège de maux, que de chercher des faux-fuyants pour s'y soustraire; ce qui est ordinairement un mauvais calcul.

« Ne vous exagérez pas les maux de la vie, a dit

Joubert, et n'en méconnaissez pas les biens. » Il est difficile, chacun le sait, de retenir son imagination vagabonde. L'enserrer tout à fait dans des bornes étroites, serait certainement mauvais pour la fertilité de notre esprit, la sensibilité de notre cœur, ou les ʒ .ʒreux élans de l'âme. Savoir la retenir dans un juste milieu est le fait des bons esprits.

« Si notre imagination nous entraîne quelquefois au delà des limites qu'on ne doit pas franchir, notre âme, par son extrême pureté, mènera tout à bien sur les ailes de l'inspiration. » Quand Mme Swetchine a écrit cette pensée dans son admirable et si profonde correspondance, n'a-t-elle pas entrevu qu'en comprimant les inspirations du cœur, en réprimant l'enthousiasme de l'âme, ce serait donner une part trop large au positivisme?

N'anéantissons pas tout à fait les élans de notre imagination ; on briserait, par là, les ressorts de l'intelligence. Elle a besoin de s'égarer un peu, pour donner à l'homme le courage d'accomplir bon nombre des actes de la vie quotidienne ; l'essentiel est de ne la point laisser perdre. La pureté de nos intentions sera notre fidèle guide.

Un peu d'imagination embellit la vie, rompt la monotonie des jours moroses. Trop serait préjudiciable ; c'est la raison et l'expérience qui se chargeront de la modérer, ou d'en régler les élans, au profit de chacun, pour peu qu'on veuille bien considérer son devoir quotidien.

CXXII

**Un homme sensé se trompe et le reconnaît ;
Un fou persévère dans son erreur.**

Personne ne veut avoir tort. C'est que chacun a son grain d'amour-propre, et n'aime pas qu'on y porte atteinte.

Tandis que ce n'est qu'un mouvement de l'âme chez l'homme sensé, c'est toute une révolte chez le sot orgueilleux.

Pourtant, il y a plus d'avantages à reconnaître ses torts qu'à les nier ; car, par une bizarrerie de la nature humaine, ou plutôt par un des nombreux mystères du cœur, l'homme est toujours porté à relever celui qui s'abaisse, et abandonne volontiers, avec une pointe d'ironie, le vaniteux s'enveloppant dans son entêtement ridicule.

Toute personne est sujette à l'erreur ; ce n'est donc pas une faute qui nous soit imputable de se tromper ; c'en est toujours une de ne pas vouloir le reconnaître. D'autant plus qu'en agissant ainsi, nous ne faisons tort qu'à nous-mêmes.

Le progrès moral et intellectuel n'est possible, qu'autant que nous saurons voir où nous sommes en défaut, et saurons discerner le bien chez les autres.

Comment l'homme pourrait-il travailler à son perfectionnement sans cette clairvoyance ?

Il est curieux de voir le mal que certaines personnes se donnent, pour démontrer leur raison contre toute évidence ; il l'est encore plus de constater que, peu après ce sot entêtement, elles s'attribuent même les idées qu'elles ont combattues, un instant auparavant, comme les leurs propres. C'est le comble de la suffisance, et pourtant cela est.

Plus nous rentrons en nous-mêmes, plus nous sommes réfléchis, moins nous sommes sujets à ces erreurs capitales qui font de l'homme un maître sot.

L'esprit se forme par le jugement et par la réflexion; il se forme aussi en écoutant les hommes de sens, en suivant de près leurs arguments, appréciant les uns, rejetant les autres. Il n'est pas mauvais de discuter, d'émettre ses idées personnelles; tout au contraire : c'est ainsi qu'on arrive à faire la lumière. La vérité se trouve ordinairement là où plusieurs l'affirment ; on est moins sûr du jugement d'un seul.

Selon Ozanam : « Toute puissance véritable porte en elle-même une loi qui fait sa force : Dieu la trouve en lui-même. L'intelligence humaine a aussi sa règle. Cette règle, c'est le passage du connu à l'inconnu, du doute à la certitude. L'accroissement des certitudes constitue la science. »

N'en peut-on dire autant des idées humaines?
Leur force, c'est la vérité et la justesse généralement reconnues. La règle qui les appuie, c'est la
probité et la pureté des intentions de ceux qui les
ont découvertes. L'union de ces idées en fait la solidité. Qui cherche à les combattre, sans être bien
muni, est un insensé.

CXXIII

Ce n'est pas un grand avantage d'avoir l'esprit vif, si on ne l'a juste; la perfection d'une pendule n'est pas d'aller vite, mais d'être réglée.

Le plus bel éloge qu'on puisse faire d'un homme n'est pas de lui trouver beaucoup d'esprit, mais un bon esprit. Avec celui-là, on a tout à gagner dans sa société : tranquillité, bon conseil, charme de la conversation, sans regrets amers pour sa propre estime, ou la réputation d'autrui.

On n'en saurait dire autant des esprits vifs, mordants ou piquants. Toujours prêts à décocher un trait malin, lancer un jeu de mots, souvent une épigramme blessante, toutes choses faisant valoir la vivacité de leur esprit, ils ne s'inquiètent guère si les saillies qu'ils lancent, fort spirituellement du reste, ne blesseront pas mortellement ceux auxquels elles s'adressent.

Fait curieux : malgré les coups mordants qu'ils produisent, on admire plus volontiers ces derniers que les autres. Ils nous amusent; ils nous portent à rire, c'est assez pour notre légèreté. « Le Français né malin » rit aisément des espiègleries, des railleries fines et spirituelles, lors même qu'elles s'enfoncent au cœur des autres, ainsi que des griffes acérées, pourvu qu'elles ne l'atteignent point personnellement.

Mais c'est un jeu d'un moment, dont on se lasse aussi facilement qu'à manier une arme capable de blesser. On s'aperçoit vite que le trait qui déchire le voisin aujourd'hui, peut nous être décoché demain. Dame ! si nous aimons à rire, nous n'aimons guère les représailles.

Puis, pour peu qu'on ait le sentiment du juste, et un bout de sensibilité au cœur, on se fatigue vite de ces gens à bons mots. On redoute d'être toujours sur le qui-vive, dans la crainte d'un trait empoisonné, pour soi ou pour ceux qu'on aime. Si nous avons ri un instant, nous revenons volontiers vers les gens moins brillants, mais avec lesquels chacun peut rester en paix.

J'ai lu quelque part ces mots : « L'esprit est comme une arme à deux tranchants ; il devient facilement un danger pour ceux chez qui il n'est pas facilement dominé, réglé et comme orienté par un caractère droit et pur. » A coup sûr un bon cœur, un jugement droit, plein de bonnes intentions, suffisent à faire ce qu'on nomme un bon esprit. Celui-là, réglant ses tendances à la raillerie, les arrêtera net, si elles doivent blesser ou mortifier seulement quelqu'un.

Malheureusement, beaucoup se laissent emporter par le plaisir de prouver un esprit dégourdi, sans s'inquiéter sérieusement des résultats. La satire, l'ironie ou la morgue deviendront les maîtres, si notre jugement n'est pas assez formé pour faire taire notre vanité, et si nous ne pouvons opposer à ces tyrans un peu de bon sens.

Il serait un remède infaillible pour nous guérir de la manie des bons mots : c'est de nous mettre un instant à la place de ceux qu'ils visent. A moins d'être un sot, le railleur s'arrêtera.

Pensons aussi que nous pouvons nous faire des ennemis irréconciliables. La blessure du corps guérit souvent ; celle qui est faite à l'âme, jamais : on ne l'oublie plus !...

Cette idée, qu'on peut empoisonner la vie de quelqu'un par un mot cruel, est bien faite pour nous corriger, à tout jamais, de la triste habitude de jouer avec la malignité de notre esprit. Montrons-en seulement le bon côté, en faisant appel à notre jugement ou à notre cœur, et nous n'aurons jamais à nous repentir de notre réserve.

CXXIV

Il faut avoir bonne mémoire quand on a menti. Celui qui dit un mensonge ne prévoit pas le travail qu'il entreprend; car il faudra qu'il en invente mille autres, pour soutenir le premier.

Le mensonge est odieux. Il avilit l'homme; il le déshonore, en lui ôtant toute la confiance des autres. On ne croit plus un homme qui a menti, lors même qu'il dit la vérité.

Le menteur, en trompant autrui, se trompe tout d'abord ; s'il savait la voie ténébreuse qu'il s'ouvre, quand il fait son premier mensonge, il y regarderait à deux fois. Outre qu'il avilit son caractère, il se crée une vie de soucis, de mécomptes et de déceptions.

On dit qu'il faut avoir bonne mémoire quand on a menti ; c'est vrai, même la mémoire la plus fidèle ne suffit pas à nous débrouiller. Rien de plus facile d'établir la vérité, à l'occasion; les faits sont là pour en témoigner. Pour le menteur, c'est tout autre chose ; les événements eux-mêmes le condamnent, quand il ne tombe pas dans ses propres filets.

Quelle honte alors ! S'il cherche à s'en tirer le

plus convenablement possible, pour sauvegarder son honneur, quel travail en son esprit, afin de colorer ses détours pour leur donner une nuance de vérité! Le plus souvent on y voit clair pour lui. Il entasse mensonge sur mensonge, si bien qu'il lui est impossible de reconnaître le point de départ de tout cet enchevêtrement de faits. Plus il s'ingénie à s'en tirer avec adresse, plus il s'embourbe : lui seul reste à croire qu'on ne s'est point aperçu de ses fraudes en langage.

Aussi bien, ces premiers ennuis devraient corriger le menteur. Malheureusement, il en est de ce défaut comme de bien d'autres; il n'y a que le premier pas qui coûte. Une fois qu'il est franchi, on s'imagine qu'on s'en tirera toujours. D'ailleurs l'habitude, cette compagne silencieuse de la vie de l'homme, qui lui fait suivre obstinément la voie parcourue déjà, en l'y ramenant sans cesse, si douce quand elle est bonne, si perfide quand elle est mauvaise, l'emporte aisément sans trop de résistance, malgré les ennuis que sa raison lui fait entrevoir.

« Chassez le naturel, il revient au galop. » Il en est des habitudes comme des vices : une fois qu'on les a laissés entrer dans la place, de même que la pieuvre, ils enlacent le pauvre insensé qui s'y est laissé prendre. Tandis que les tentacules du monstre marin enserrent sa victime et l'étouffent, l'habitude du mal rend l'homme insensible à la chute.

Il s'est laissé dominer. Etouffé moralement, il n'a plus de vitalité pour la vertu.

La conséquence la plus terrible du mensonge, c'est de reléguer le menteur au rang des gens sans aveu : on croit capable de tout, un homme sujet à altérer la vérité.

CXXV

Se venger d'une offense, c'est se mettre au niveau de son ennemi; la lui pardonner, c'est se mettre fort au-dessus de lui.

Quand on se venge d'une offense, on rend le mal pour le mal; dès lors, on perd le droit de blâme, car on commet la même faute que celui qui s'en est rendu coupable à notre égard.

On a beau dire « qu'on n'a pas commencé, que l'idée du mal ne vient pas de nous; que nous n'avons fait qu'user de représailles. » Le raisonnement est faux. On s'avilit chaque fois qu'on se venge : employer les mêmes armes que son ennemi, c'est se rendre semblable à lui.

Pardonner, oublier, au contraire, c'est se montrer meilleur. Rendre le bien pour le mal, c'est être généreux, même magnanime dans certaines circonstances. Votre ennemi se sentira d'autant plus petit, que vous vous serez montré plus grand. S'il a un peu de cœur, l'humiliation qu'il pourra en ressentir lui sera profondément pénible, et plus difficile à accepter que l'effet de votre ressentiment, lequel amoindrirait de beaucoup la faute dont il s'est rendu coupable envers vous.

Qui sait? Peut-être que la bonne manière de se venger est enfermée dans un généreux pardon. En tous cas, c'est la plus noble pour nous; celle qui nous persuade le mieux, qu'en humiliant notre ennemi, par la grandeur de nos sentiments, nous pouvons le toucher, et espérer par là, un retour sincère vers nous.

N'oublions pas que si rien ne nous mortifie davantage que de nous sentir inférieur, rien ne nous fait plus vite oublier la honte d'une faute, que de penser qu'on n'est pas seul à la commettre. Motif grave pour nous faire rejeter violemment toute idée de rancune, si nous voulons être, et rester vertueux.

Une autre raison, aussi élevée que celle-ci, nous porte à pardonner les injures qui nous sont faites : la loi morale et religieuse nous y oblige. Nous sommes tous frères, tous solidaires les uns des autres; attaquer un des membres de la société humaine, c'est s'en prendre à l'humanité; viser un compatriote ou un membre de notre famille, c'est s'en prendre à soi-même.

La loi religieuse va plus loin encore : le Christ, tout en nous demandant d'oublier les injures, de les pardonner, désire même que nous aimions nos ennemis, et que nous leur rendions le bien pour le mal. C'est le plus haut degré de vertu auquel l'homme puisse parvenir. Vertu qui serait moins rare, si nous étions moins personnels, moins amis de nos aises et plus humbles. « Oublie-toi, si tu veux être parfait. »

CXXVI

On ne songe jamais à tout : c'est la maxime, ou plutôt l'excuse, de ceux qui ne pensent jamais à rien.

Ce n'est pas une faute d'oublier, par hasard; ce qui en est une, c'est de se faire une habitude de l'oubli, ou plutôt de ne penser jamais à rien, de n'être point à ce qu'on fait. « Fais ce que tu fais », dit un vieil axiome; c'est-à-dire : aie l'esprit à tes affaires; sois sérieux pour les entreprendre, et attentif à les bien conduire, si tu veux qu'elles aient l'effet que tu en attends.

Bien des causes nous font tomber dans le travers de l'oubli : l'insouciance, la légèreté, les distractions de l'esprit.

Insouciance et égoïsme sont à peu près synonymes. Remarquez que l'insouciant ne s'oublie jamais tout à fait. S'il néglige d'arrêter son esprit sur les intérêts des autres, la mémoire lui revient juste à point pour soutenir les siens propres. C'est donc plutôt un travers apparent que réel, puisque l'insouciant se réveille aussitôt qu'il en sent le besoin. Il ne s'engourdit que quand il s'agit d'autrui.

Sans avoir le caractère de gravité de l'insouciance, la légèreté n'en a pas moins de funestes conséquences, si l'on n'y prend pas garde.

L'homme léger peut être animé des meilleurs sentiments : bon, dévoué, complaisant au fond, il veut bien tout ce que vous attendez de lui. Malheureusement, ces qualités excellentes sont souvent paralysées chez un esprit superficiel.

Peut-on compter sérieusement sur lui quand, l'instant d'après où il s'est trouvé en jeu, il n'est plus à ce qu'il doit faire, ou même à ce qu'il avait promis? Il ne se rend pas toujours un compte exact de sa faiblesse; sa mémoire fugitive, quelquefois somnolente, ne lui rappelle son devoir qu'à travers un voile. Il le voudrait remplir; mais bah! il le fera tout à l'heure, demain. Pourvu qu'il le fasse, on n'aura rien à dire, certainement. Le malheur est que sa volonté, comme son désir, restent toujours à l'état flottant, ainsi que le nuage léger : ils s'évaporent l'un et l'autre sans aboutir.

Aussi les gens légers n'arriveront jamais à rien de sérieux; leurs désirs, comme leurs actes, demeurent constamment à l'état de rêve.

L'homme distrait n'offre guère plus de garantie. Toujours à autre chose qu'à ce qu'il doit, il ne pense à rien. Il voudrait pourtant nous être utile, tenir sa promesse... le flot de ses affaires l'entraîne. A peine s'il peut faire les siennes, comment voulez-vous qu'il fasse celles des autres, ou qu'il puisse les y aider d'une façon quelconque? Il oublie..... cruelle logique, qui lui est habituelle, et sous laquelle il abrite ses raisons.

C'est à ces esprits irréfléchis, toujours ailleurs que là où ils devraient être, que la volonté devrait s'imposer et commander à leurs sensations diverses. Tant vaut notre volonté, tant vaut notre caractère. Si nous prenions de bonne heure l'habitude de la dominer, nous arriverions à fixer notre esprit, sans permettre qu'il s'égare à droite ni à gauche.

La volonté, n'est-ce pas l'acte par lequel nous accomplissons ce que nous avons décidé? Il suffit de la maîtriser, de la soumettre à nos désirs; enfin de bien vouloir pour faire ce qu'on doit.

CXXVII

L'argent est un bon serviteur
et un mauvais maître.

L'argent est le nerf de tout. Que peut-on sans argent? Peu de chose; et, avec de l'argent, on peut beaucoup.

C'est un excellent serviteur, si l'on sait l'employer avec discernement : confortable de la vie, bonnes œuvres, voyages, et tout agrément utile et honnête. Mais c'est un maître détestable, si l'on se laisse dominer par l'ambition, ou la soif des plaisirs. ,

Restons les maîtres de cet agent redoutable, et non les esclaves, si nous voulons vivre en paix. Savoir gouverner ses désirs; les soumettre aux exigences de sa position sociale; se placer au-dessus d'une foule de fantaisies, dont la jouissance semble faire le fond de l'existence de bon nombre de gens; en un mot, employer judicieusement ses revenus, c'est faire preuve de caractère.

C'est en montrer aussi, que de se mettre au-dessus de besoins factices, toujours faciles à satisfaire, quand on possède. Ainsi, travailler à restreindre ses goûts, ou à se soustraire aux influences quelquefois pernicieuses de la fortune, c'est bien rester le maître, et non se faire le vil serviteur de l'argent.

Il en est qui sont pauvres dans la richesse; d'autres trouvent le moyen de connaître l'abondance dans leur médiocrité. C'est que les premiers, insatiables dans leurs désirs, n'ont jamais assez de revenus pour les satisfaire; tandis que les seconds, modérés dans leurs goûts, savent se contenter de peu, réservant ainsi une poire pour la soif.

Une sage économie, des réformes inspirées par l'ordre ou simplement le bon sens, assurent aux plus modestes ménages une aisance relative. L'essentiel est de savoir borner ses désirs aux ressources fournies, soit par un travail régulier, soit au moyen d'épargnes faites, jour par jour, afin d'assurer le pain de la vieillesse.

Que faut-il pour en arriver là? Un peu de jugement, des goûts modestes, la sagesse de savoir vivre dans le milieu où la Providence nous a placés : moyens à la portée de tous, et qui sont des áuxiliaires précieux, si nous voulons rester indépendants et vivre en paix.

L'ambitieux ne connaît pas la jouissance d'une vie simple, exempte de ces mille soucis qui le torturent habituellement, soit pour arriver à la fortune ou aux honneurs, soit pour satisfaire des caprices ou des fantaisies qui se multiplient à l'infini, si on n'a pas le soin d'y mettre des bornes.

Si nous en pesions bien les inconvénients divers, peut-être aurions-nous été guéris de suite de ces désirs insatiables, qui traînent souvent à leur suite plus d'une déception cruelle. Ce que nous n'avons pas su faire volontairement, l'expérience se chargera de nous l'imposer.

CXXVIII

Le jeu nous dérobe l'argent, le temps et la conscience.

La passion du jeu est redoutable dans ses effets. A quels entraînements désastreux ne se laisse-t-il pas aller, celui qui s'y glisse? On ne peut en sonder les abîmes qu'avec crainte et effroi.

Combien de malheureux se sont ruinés, pour n'avoir su résister à cette soif brûlante, qui s'avive toujours une fois qu'on y a trempé ses lèvres : la soif du gain devient d'autant plus âpre et plus ardente, que le joueur a ressenti l'ironique joie d'un coup de chance imprévu. Encore! encore! est le cri harcelant sans cesse son esprit. Qui a joué, jouera.

Le joueur passionné perd son argent, son temps et sa conscience.

Il perd son argent et souvent celui des autres. Quand il n'a plus rien, il emprunte. Si la chance lui sourit un moment, et qu'elle ne revienne plus, elle le conduira au supplice de Tantale; supplice qui le précipite encore plus profondément dans le gouffre de sa passion.

N'est-il pas à remarquer que le désir de jouer

croît en proportion des pertes au jeu? C'est une sorte de fièvre poussant le malheureux à une perte irrémédiable. Il ne s'écoute pas plus qu'il n'écoute ses amis le conseillant de s'arrêter. Rien n'agit sur son esprit déséquilibré par la fougue du désir effréné qui le transporte.

Le joueur perd son temps. Il ne connaît plus les bienfaits du travail, ayant oublié la paix sereine d'une journée laborieusement remplie. L'argent qu'il a gagné une fois, en passant, a fait miroiter à ses yeux l'ivresse d'un gain amassé sans trop de peine. Comptant sur une chance incertaine, ce calcul le conduira inévitablement à employer des moyens malhonnêtes, si elle lui résiste trop longtemps.

L'insensé gaspille le temps, ce trésor précieux accordé à l'homme pour accomplir les lois divines et humaines de l'existence. Il méconnaît tout, excepté sa passion qui le pousse en avant, et l'illusionne de ses convoitises.

Après avoir perdu le temps et l'argent, le joueur compromet sa conscience, déshonore sa famille. Combien n'en a-t-on pas vus s'oublier devant l'appât du gain jusqu'à tricher? Ils commencent par se permettre de petits abus dont ils rougissent dans le calme; puis, dans l'acharnement du jeu, ils en viennent à perdre toute délicatesse; ils trompent, disons le mot : ils volent.

Il ne leur reste que honte et misère; tristes débris d'une vie qui aurait pu être utile et belle. Que leur a-t-il manqué souvent, à ces pauvres fous? Un conseil donné à temps; une volonté supérieure à la leur qui les eût obligés de se soumettre.

« Quelle belle puissance que celle qui relève, rachète et console! » a dit Jules Simon. Peut-être ont-ils côtoyé cette puissance, sans vouloir en connaître l'efficacité, dans l'amour d'un père, les larmes d'une mère, ou les conseils d'un ami dévoué. Esprits faibles ou insouciants, ils n'ont pas su voir le bon chemin de la vie.

CXXIX

Rien ne te sert de bien savoir, si tu négliges de bien faire.

Connaître où est le bien, et ne pas l'accomplir, est aussi insensé que d'entrevoir un danger et de ne rien faire pour l'éviter. On pardonne aisément à quiconque fait le mal inconsciemment; on est moins indulgent pour celui qui agit en connaissance de cause.

Il en est de même de la science; elle n'est utile à l'homme qu'autant qu'il se sert de son savoir, pour les besoins de l'humanité. A quoi lui servirait de connaître le secret des choses, s'il le garde pour lui? Il ressemblerait à l'avare, qui n'amasse son trésor que pour le seul plaisir de le contempler.

Heureusement que tel n'est pas le cas du vrai savant. Il est modeste, il est vrai ; mais il aime à communiquer, à tirer parti de ses recherches, de ses observations. En un mot, il est heureux de pouvoir se répandre : c'est sa gloire et sa joie. Il ne connaît ni les jalousies, parce qu'il les méprise, ni la haine, parce qu'il est incapable de la comprendre. Il est supérieur à bien d'autres, et il le prouve : le vrai savoir rend ordinairement grand, généreux,

car il trouve en lui-même l'étoffe de toutes les vertus. S'il néglige de les mettre en pratique, la faute
ne sera imputée qu'à lui-même.

Dieu n'a pourvu l'homme de génie, qu'à la condition qu'il s'en serve pour le bien de tous : ce don n'est
que l'expansion de sa puissance pour sa créature.
« Noblesse oblige », dit-on. A plus forte raison
peut-on ajouter : « Science oblige. » On oublie volontiers les bévues de l'ignorance, comme on excuse
facilement les fautes de convenances, à ceux qui
n'ont pas connu les bienfaits d'une bonne éducation. Quant aux privilégiés, on a le droit d'être
sévère, et d'exiger d'autant plus qu'ils ont reçu
davantage.

« Il n'y a que la grandeur des desseins qui fasse
le grand homme, et la droiture des intentions qui
fasse l'homme de bien. On n'est responsable que de
son cœur [1]. » Si le cœur est le guide de l'homme,
l'éducation du cœur est la première de toutes les
sciences ; c'est aussi la plus délicate, car c'est en
elle que réside toute la valeur de l'homme de bien.

Mais la vie du cœur n'est-elle pas rattachée elle-
même par des liens étroits, nommés sensations, à
la vie de l'esprit ? Le cerveau, siège des sentiments
comme des pensées, reçoit les impressions et les
communique au cœur au moyen des nerfs. Donc,
l'éducation intellectuelle est intimement liée à la
formation du cœur. Si le cœur bat, palpite, aime

1. Jules Simon.

ou déteste, c'est que notre esprit a conçu l'idée d'é-motion, d'amour ou de haine. La rougeur montant au front, ou la pâleur refoulant le sang au cœur, sont les phénomènes évidents des sensations diverses dont le cerveau est agité.

Concluons par les paroles de M. Compayré venant bien à l'appui de cette idée : « C'est parce que nous croyons à l'influence de l'intelligence sur le moral, que nous regardons l'instruction, malgré l'opinion de plusieurs philosophes, comme un des auxiliaires les plus excellents de la moralité. »

CXXX

Plus fait douceur que violence.

Notre bon La Fontaine, qui nous a donné des leçons de plus d'une sorte, nous explique la vérité de cette maxime dans sa fable de Phébus et Borée, avec toute la finesse et tout le pittoresque des images qui font de lui un vrai charmeur. Mais qu'avons-nous besoin des leçons des autres ? Nous n'avons qu'à ouvrir les yeux pour nous convaincre de l'heureuse influence d'un caractère doux, dans les habitudes de la vie quotidienne.

Quand l'Evangile nous dit : « Bienheureux les doux, parce qu'ils posséderont la terre », n'est-ce pas assurer que la douceur obtient tout ce qu'elle veut, bien plus que la violence ? L'une soumet à ses lois, en persuadant ; l'autre subjugue en terrassant. Mais tandis qu'avec la première, on reste soumis à sa volonté persuasive, avec la seconde, on se relève bientôt du joug brusque qui nous a terrassés, presque toujours décidés à ne pas obéir.

En persuadant, l'action de la douceur a cela de bon, qu'elle conserve la dignité de l'homme qu'elle veut soumettre. Elle va plus loin, parfois ; elle l'élève à ses propres yeux, tout en lui conservant une confiance due à l'influence du calme, confiance qui menaçait peut-être de disparaître, et qui certainement eût sombré sous le choc rude d'un caractère violent.

L'emportement, au contraire, humilie l'homme auquel il s'adresse, trouble son esprit, affaiblit ses espérances, et souvent le froisse vivement du choc de mots violents. Blessé dans son amour-propre, il ne retire d'une telle leçon que haine ou désir de vengeance.

La douceur, nécessaire à tous, est indispensable à la femme. Relevé ce mot de Joubert : « Rien ne fait autant honneur à une femme que sa patience ; rien ne lui en fait si peu que la patience de son mari. » La femme, au caractère doux, obtient beaucoup de ceux qui l'entourent. On ne discute point ses ordres, on s'y soumet : d'un geste, d'un regard, d'un sourire même, elle vainc les résistances. La force de ces caractères-là se trouve dans le calme de leur action, ne demandant aux autres que choses justes et raisonnables.

Les natures violentes, au contraire, généralement vindicatives, se heurtent à tout, ou rencontrent à chaque pas des résistances. La manière même dont elles lancent un ordre semble injurieuse : dès lors, on ne s'y soumet qu'avec répugnance.

Rarement la violence a convaincu les autres ; elle les a presque toujours trouvés rebelles à ses ordres. Je ne sais plus qui a dit : « C'est en parlant au cœur, c'est par la grâce, le charme et l'attrait, qu'on arrive le plus sûrement à ses fins. »

Tous, nous devrions nous pénétrer de cette pensée ; mais surtout les chefs de famille, les éducateurs, enfin tous ceux qui sont chargés d'une direction quelconque dans la société.

CXXXI

Je veux, donc je puis !

Cette fière maxime est toute française. La volonté est une des grandes forces de l'âme ; elle provoque l'énergie, la ténacité et la persévérance.

La volonté fait l'homme de caractère. Avec elle, rien n'est impossible à l'homme pour réaliser les projets qu'il doit entreprendre, à la condition, néanmoins, qu'elle ne soit ni indécise, ni molle, ni flottante. Il suffit qu'elle soit bien arrêtée.

L'éducation de la volonté se fait comme pour toute autre faculté de l'âme. Facile à déterminer chez les caractères résolus, elle est plus difficile à faire naître chez les tempéraments indolents ou mous : bien dirigée, elle devient, pour les uns comme pour les autres, une puissance incontestable, déterminant les chances de succès dans presque tous les cas. C'est pourquoi il est important, en éducation, de ne point négliger la formation de la volonté, soit en cherchant à la rendre prompte et décisive chez les uns, soit en modérant sa force, menant aisément à l'entêtement, chez les autres.

Il est curieux à noter que la première manifestation de l'âme, qui se dévoile à nous, dans le tout petit enfant, c'est la volonté. Voyez-le ! Il ne parle pas encore ; pourtant il veut quelque chose. Si on ne l'a pas compris, ou simplement si on le lui refuse, il se renverse en arrière, crie, s'agite, jusqu'à ce qu'on lui ait donné satisfaction, quand cela est possible, toutefois.

N'a-t-on pas vu de ces faibles êtres courber devant eux des résistances viriles ? Quelle diplomatie la mère n'a-t-elle pas, souvent, à employer pour faire entendre raison à ce despote en herbe ? C'est alors qu'il faut du tact et de l'adresse pour mener à bien la volonté de l'enfant : ne devant ni être neutralisée par un refus constant, ni trop facilement écoutée, afin d'éviter l'entêtement, elle doit être dirigée; et c'est la question importante, en l'éducation à donner à l'homme.

Régulateur des sentiments et des passions, la volonté forme les races énergiques; elle conduit aux grandes découvertes de la science, au dévouement de toutes sortes; amène enfin l'esprit de l'homme à méditer les pensées profondes, gloire de notre littérature.

C'est encore la volonté qui forme les caractères. Pour être un caractère, il faut avoir lutté, souffert; sans volonté, on ignore ces auxiliaires indispensables à notre perfectionnement intellectuel et moral. On ne peut rien de sérieux sans qu'il en coûte; or, c'est la volonté qui, en nous aidant à dominer les faiblesses humaines, assure la persévérance dans nos luttes morales, comme dans nos luttes avec la science. « Je veux, donc je puis. »

CXXXII

Il est, et il sera toujours en cette vie, des vertus malheureuses et des crimes impunis; il est donc nécessaire que le bien et le mal trouvent leur jugement dans une autre vie [1].

Pensée consolante, et seule capable de nous aider à supporter courageusement le malheur, ou les injustices du sort. Combien en voit-on à qui rien ne réussit ! Ils sont honnêtes, vertueux même ; pourtant le malheur paraît s'acharner à eux. La mauvaise fortune semble inéluctable à ces déshérités de toute joie. Ils sortent d'une épreuve pour retomber dans une autre ; pour eux, on ne peut plus employer ce mot consolant : « les épreuves n'ont qu'un temps », puisqu'elles durent toujours.

Par une ironie du sort, auprès d'eux il s'en trouve à qui tout sourit. Ils n'ont qu'à tendre la main pour que tout leur arrive à souhait : richesse, beauté, santé, savoir, famille, amis, tout est à leur portée. On dirait qu'ils n'ont qu'à vouloir pour avoir.

Cette inégalité dans la chance, la fortune ou les dons naturels, prouve évidemment une vie au delà;

1. Voltaire.

il est nécessaire qu'il y ait une justice infinie, immuable, pour réparer les injustices du temps.

A quoi bon la résignation, le courage dans l'ad-
versité, le calme dans les souffrances, ou la sérénité
de l'âme dans le malheur, si nous ne sentons pas
que Dieu est là, pour tenir compte des mérites de
chacun, et établir, en un jour meilleur, un juste
équilibre entre tous ?

Nier la Providence, serait nier le besoin de respirer ; nier la justice de Dieu, serait aussi absurde.
Les aspirations infinies de notre âme, le besoin de
bonheur, le sentiment de l'équité, prouvent Dieu
aussi bien que l'âpre jouissance dans la peine prouve
la douleur.

Un travers humiliant de l'humanité, c'est d'être
porté à vouloir considérer la chance comme une récompense nécessaire au mérite, et le malheur
comme une punition inévitable du crime. Ces fai-
blesses-là sont communes à la généralité ; les amis
de Job les ont bien eues ; n'est-ce pas une des conséquences de la légèreté humaine ? Avec un peu de
sérieux à l'esprit, en voyant de près les choses, et
en les considérant attentivement, nous verrons,
c'est indéniable, qu'il y a des vertus malheureuses
et des crimes impunis.

Il y a là un mystère devant lequel nous devons
nous incliner. Les secrets de Dieu sont impénétrables ; il est sage de se soumettre en respectant les
lois divines. Mais il est juste d'attendre d'une autre

vie les consolations qui nous auront manqué dans celle-ci. L'homme sensé et profond n'a jamais nié les espérances d'une vie meilleure ; il en trouve la raison tout indiquée dans ses inclinations rationnelles ou supérieures : l'amour du vrai et du juste, du beau et du bien, et le sentiment religieux.

Qui a pu les faire naître avec l'âme, si ce n'est l'idée de la Divinité, cette puissance réelle dont nul n'oserait douter sérieusement? Croyons, et c'est la suprême raison, à une Justice divine et immortelle, réparatrice des injustices du temps et des destinées humaines.

CXXXIII

**Je vais où va toute chose,
Où va la feuille de rose
Et la feuille de laurier.**

La vie passe vite. Qu'elle soit gaie ou triste, laborieuse ou douce, fertile en mécomptes ou en succès, elle va, court, vole. Il n'y a que l'insensé, ne pensant à rien, qui croit pouvoir retenir les heures fugitives du temps ; mais l'homme de sens ne s'illusionne point ; il en a vite compris l'instabilité.

Nous nous demandons souvent : Où allons-nous ? Demain ne nous appartient pas ; ce qu'il sera, nous l'ignorons. Peut-être sera-t-il le commencement de la vie mystérieuse de l'au delà ; mystère impénétrable, tout plein de frissons et de troubles, à cause de l'inconnu qu'elle nous prépare.

Mais si nous ne savons pas où nous allons, chacun de nous peut se dire avec certitude : Tout aura une fin. Laquelle ? C'est le secret de Dieu. Seulement l'expérience nous apprend que petits ou grands, riches ou pauvres, ont un sort commun : la mort. Nul ne lui échappe à la cruelle !....

La feuille de rose ? c'est-à-dire la jeunesse, la beauté, la bonté et l'amour.

La feuille de laurier? la gloire, la puissance, les dons précieux de l'intelligence.

Tout disparaît, tout s'évanouit dans les ténébreux mystères de l'éternité. Je me trompe. Une seule chose reste : le parfum des vertus, le fruit des bonnes œuvres, le souvenir glorieux des actes accomplis par les âmes grandes en talents et en patriotisme.

« A la mort, selon le mot de sainte Thérèse, il ne nous reste que ce qu'on a donné. »

En vérité, il reste à l'âme ses bonnes œuvres et ses vertus ; il reste à nos amis le souvenir des relations dévouées, empreintes d'affection délicate ; à nos parents le charme de la cordialité de nos sentiments ; enfin, au pays, le souvenir reconnaissant de la valeur d'un mérite reconnu et apprécié de chacun.

On meurt en paix, quand on peut se rendre le témoignage de pouvoir laisser derrière soi de tels souvenirs. C'est alors qu'on peut dire en toute vérité : « La mort est le soir d'un beau jour. » En effet, on quitte la vie sans craindre les mystères de l'éternité ; sans regrets amers, puisque la route du devoir a été suivie sans trop de troubles ni de défaillances : le calme des derniers moments, uni à l'espérance en une vie meilleure, est la récompense la plus douce offerte à l'homme de bien.

CXXXIV

L'activité est la mère de la prospérité.

L'activité est le nerf du travail. L'homme actif peut doubler la valeur de son œuvre, en la menant à fin promptement et bien.

L'activité ne connaît pas le repos ; toujours en éveil, elle domine l'esprit, le conduit, l'entretient et le nourrit. C'est merveille de voir la somme de travail accomplie par l'homme d'action, et la perfection à laquelle il arrive progressivement, au point d'annuler cette autre maxime : « Vite et bien ne vont pas ensemble. »

Alerte, souple et scrutateur, l'esprit de l'homme actif ne perd rien de ce qui peut lui servir. Il s'insinue dans les difficultés, les comprend et les aplanit.

Il n'en est pas de même de celui qui, toujours mesurant sa tâche, ne l'accomplit que par la force du devoir. Il n'améliore pas son travail, ni ne l'avance. Machine il est au commencement, machine il reste en terminant : une marche lourde dans la conduite de ses intérêts peut le faire vivre, mais non lui donner l'aisance ou la prospérité. A l'activité seule, il appartient d'aller de l'avant, de progresser ou d'agrandir le cercle des affaires.

Eveillé avant le jour, l'homme actif a l'œil à tout, se rend compte de tout, ne s'en rapportant qu'à lui-même. L'ordre qui en résulte devient une source de fécondité, inconnue au nonchalant qui se lève tard, n'a pas le temps de voir, ne se rend compte de rien, trouvant bon que les choses marchent toutes seules, ou selon leur petit train routinier. Aussi, tandis que l'un compte pour quelqu'un dans les affaires, l'autre y est considéré comme lettre morte.

Pourtant, il y a bien à débrouiller dans le cours de la vie, même de celles qui semblent le plus calmes. Ici, ce sont des démarches pénibles à entreprendre; là, des situations embarrassées, desquelles il faut se tirer; plus loin, certaines affaires d'une nature délicate à régler.

N'hésitons point à agir. Ne cherchons pas non plus à mettre quelqu'un à notre place. Nul ne soutient mieux nos intérêts que nous-mêmes, comme pas un ne sait y voir clair.

Quoi qu'il nous en coûte, ne restons jamais inoccupés à la maison, car malgré toute la célérité et la bonne volonté de notre fondé de pouvoir, il peut arriver qu'en présence de quelques difficultés inattendues, il ne sente ni la force, ni le désir de les débrouiller, comme nous le sentirions nous-mêmes. Nul n'est jamais bien sérieusement remplacé par personne.

CXXXV

Le paresseux est le frère d'un mendiant.

Qu'attendre du paresseux? Il ne sait jamais ce qu'il doit faire; il ne voit ni ne prévoit sa tâche. Toujours en retard, il est le seul à dire : « J'ai bien le temps! » Esprit indécis, il n'ose trop s'avancer dans la crainte de se donner un peu de peine. Il calcule juste ce qu'il doit faire; et, à force de restreindre sa tâche, il la réduit à rien.

Pourtant, les idées ne lui manquent pas; nul n'a l'imagination plus féconde. Il veut tout faire, tout entreprendre; il se sent, au besoin, capable des plus hautes fonctions ; le malheur est que sa volonté n'est jamais à point.

D'ailleurs, quel brillant avenir il se crée en rêvant !... C'est bien pour lui qu'on a pu dire : « Le rêve est plus que la réalité. » Mais dès qu'il s'agit de se mettre à l'œuvre, il ne peut plus ; ses hautes capacités s'évanouissent. Tout l'ennuie, l'agace et le décourage. Il n'y a de fécond en lui que son imagination, toujours prête à se mettre en campagne.

Le premier rêve à néant, vite en surgit un autre; car le paresseux n'est pas à court d'idées, c'est ce qui lui manque le moins. Rêver, imaginer, croire réussir en dormant, est sa plus grande ressource, comme c'est sa suprême jouissance.

Chose bizarre ! malgré le mirage éblouissant hanté par son imagination vagabonde, il est toujours arrêté par l'effort à faire ou l'obstacle à vaincre.

Croyez-vous, au moins, qu'il se fatigue de l'inertie de sa volonté, constamment molle et indécise? Oh ! non. C'est après avoir été le plus mou, que son imagination devient plus féconde, en espérance. Nul doute que ce rêve, sans cesse renouvelé, lui fait oublier la position fausse dans laquelle il se meut, sans pouvoir en sortir.

Si l'effort à faire n'aboutit point, l'inertie paralyse sa volonté, et le rêve le nourrit sans parvenir à l'exciter. Mais le moment des désillusions viendra; peut-être voudra-t-il alors qu'il ne le pourra plus.

Le paresseux devient inévitablement malheureux: ou la pauvreté l'atteint, c'est la misère; ou, s'il n'en arrive pas à cette extrémité, il s'est privé des plus douces jouissances de la vie : celles que procure à l'homme le travail intellectuel et moral, cette nourriture vivifiante de l'âme et du cœur.

Dans l'un et l'autre cas, semblable au mendiant, ou il tendra la main, pour subvenir aux besoins d'une existence à laquelle il n'a pas su pourvoir, ou il aura constamment recours aux lumières d'autrui. Le paresseux est toujours pauvre par quelque endroit.

CXXXVI

L'homme vraiment vertueux l'est partout et toujours [1].

La vraie vertu n'a pas deux figures ; elle est toujours semblable à elle-même. Elle ne varie jamais. N'importe où elle se trouve, elle se montre telle qu'elle est, c'est-à-dire consciencieuse et pure comme la vérité. Ignorant le mensonge et l'hypocrisie, elle ne peut s'arrêter à l'idée qu'on puisse être autrement qu'on ne paraît. De là naît une confiance inaltérable en la vertu de ses amis, et une grande simplicité dans toutes les relations qu'elle est tenue d'avoir.

La vraie vertu est force ; elle ne se laisse ébranler par l'opinion de personne, si elle ne se rencontre pas d'accord avec ses idées personnelles. La conduite du voisin n'a aucune influence sur l'homme de bien ; les sentiments honnêtes dont il est pénétré, la droiture de son cœur et la pureté de ses intentions, sont autant de garanties qui le mettent à l'abri de toute faiblesse.

L'homme vertueux est le même avec tous. Il conserve ses opinions et ses croyances ; il les émet avec

1. Cicéron.

fermeté au besoin, lors même que la société, dans laquelle il se trouve, lui en impose par son autorité ou son rang. C'est le vrai mérite de l'homme de caractère ; à plus forte raison de celui qui a pris la vertu pour guide. Il conserve son calme partout et toujours, parce que ses idées, pour lui, représentent la notion du juste.

On n'arrive pas à cet état d'âme sans combat, sans travail, dont le résultat est de se former des convictions sérieuses et bien arrêtées. Souvent on rencontre des oppositions de personnes amies et respectables ; on a dû se montrer sévère et jaloux pour amener à soi ceux qu'on aime, et dont l'estime nous flatte le plus. On nous a trouvé rude, impitoyable parfois. N'importe ! la persévérance dans le bien convainc mieux que tous les arguments possibles.

Citons, en passant, cette idée juste et si vraie d'Ozanam : « Il y a dans le cœur de l'homme un amour sévère, jaloux, incapable de rien souffrir d'imparfait chez ceux qu'il aime. Son langage est dur ; les étrangers le prennent souvent pour le langage de la haine ; mais ceux de la famille savent ce qui se cache de tendresse sous ces emportements. »

N'est-ce pas là le portrait du caractère de l'homme vertueux ? On doit en conclure que celui qui a des idées indécises, qui change souvent d'opinion et qui n'éprouve pour les autres que de l'indifférence, n'est pas encore arrivé à l'état de vertu vraie.

Quant à celui qui est soumis à toutes les fluctuations du dehors, ce n'est ni un homme de bien, ni un homme de caractère. Nul à peu près, son opinion ne compte pas.

L'homme intègre, restant toujours lui-même, coûte que coûte, est le seul qui mérite notre attention et notre estime.

CXXXVII

Le plaisir le plus délicat est de faire le plaisir d'autrui.

Voir le bonheur des autres et s'en réjouir, est le fait des gens sensibles et délicats ; y contribuer de tout son pouvoir, procure une satisfaction délicieuse, connue seulement des cœurs d'élite. Ne vous est-il pas arrivé, en offrant un cadeau à un ami, d'être plus heureux de sa joie que de celle que vous auriez ressentie en le recevant de ses mains?

Le même effet se produit quand nous soulageons la misère du pauvre : notre cœur se dilate sous l'impression d'une douce émotion.

C'est surtout dans nos épanchements intimes avec nos amis, que nous sentons mieux le bienfait de pouvoir leur faire quelque bien. En nous confiant sa peine, si notre ami la trouve moins douloureuse, nous nous sentons tout heureux. Nous nous associons de toute notre âme à lui, pour la partager ou la faire disparaître au besoin; et quand nous ne le pouvons pas, nous essayons au moins de la lui rendre moins vive.

Cette expansion réciproque, malgré que le sujet en soit souvent amer, nous cause l'émotion délicieuse d'offrir à un autre le don le plus précieux de l'homme : la délicate sensibilité du cœur.

Il est difficile d'être heureux tout seul : une douleur épanchée s'adoucit; une jouissance éprouvée sans partage s'annule. La vie ne se comprend qu'à la condition de mettre en commun joies ou douleurs. Vivre seul est un fait étranger à tout cœur un peu sensible et bon.

Ecoutez ces vers de Ducis :

> Qui de nous, lorsque l'âme, encore naïve et pure,
> Commence à s'émouvoir et s'ouvre à la nature,
> N'a pas senti d'abord, par un instinct heureux,
> Ce besoin enchanteur, ce besoin d'être deux ?

Ce besoin de communiquer nos pensées, nos impressions ou nos sentiments, est le prélude du besoin que ressent l'âme humaine de donner, de partager. Elle veut jouir du bonheur des autres, comme elle voudrait que les autres partageassent le sien. La réciprocité dans la joie amène la réciprocité dans le malheur : charme le plus vrai de la vie.

D'ailleurs l'union à deux, malgré la suavité de ce lien, ne suffit bientôt plus à l'âme généreuse; elle voudrait étendre sur plusieurs, sur tous, les élans de son cœur.

Une intimité parfaite, tout en n'existant réellement qu'entre deux, n'est pas égoïste : c'est au contraire le point de départ de la philanthropie. C'est pourquoi un homme aimant à vivre seul, ne conçoit plus la générosité. S'il se suffit à lui-même, il n'éprouve plus le besoin de la société des autres, ni de leurs services.

Aussi il est bien à plaindre, il se prive de la plus douce joie que Dieu ait mise au cœur de l'homme : celle de faire des heureux, d'épancher joies ou pei-nes, ou d'en provoquer l'expansion de la part de ceux qu'on aime, ou qui souffrent.

CXXXVIII

L'homme propose et Dieu dispose.

C'est un vieil adage qui trouve souvent son application dans le cours de la vie. S'est-on proposé de faire un voyage ? voilà qu'une affaire imprévue nous oblige d'y renoncer. D'autres projettent d'arriver à tel emploi, de se créer une position honorable dans le monde, et, au moment de réussir, ils voient leur espérance s'évanouir.

Malgré les leçons que chacun de nous tire de l'expérience, il est sage de ne pas les attendre ; mais plutôt de méditer cette pensée, afin de nous prémunir contre de désolantes déceptions : nous éviterons ainsi plus d'un choc cruel.

Nul doute que la Providence tient la destinée de chacun dans sa main ; personne n'oserait nier sérieusement son action sur l'humanité. Mais qui ne sait aussi que sa confiance en elle ne saurait exclure la prudence ? Dieu nous a créés libres d'agir ; c'est en vertu de cette liberté que les différences, si multipliées des caractères et des actes de l'humanité, se multiplient constamment.

Tout en mettant notre espérance en la sagesse divine, les événements de la vie ne se réalisent pas toujours au gré de nos désirs. Il nous arrive souvent d'être en butte aux déceptions, de connaître des luttes cruelles pour assurer les besoins de notre existence. Il est sage alors de ne pas perdre courage, d'espérer en des heures meilleures, et de se pourvoir de résignation, en attendant mieux : du bon sens, un esprit bien pensant, montrant la notion exacte des faits, nous aideront plus efficacement que tous les raisonnements les plus subtils.

« Aide-toi, le Ciel t'aidera », c'est-à-dire : Agis, marche en avant, n'éparpille ta volonté ni de droite, ni de gauche, mais conduis-la droit au but; dès lors, quand tu auras fait tout ce que tu dois, si tout n'arrive pas au gré de tes désirs, tu auras au moins la satisfaction du devoir accompli... L'œuvre de la Providence fera le reste.

Mais quoi ! dira-t-on, est-ce qu'il est toujours possible de se contenter d'un chemin tortueux, malaisé, tandis qu'à côté on en voit un uni et facile qu'on ne nous permet pas de suivre? « Mon ami, c'est là qu'est ta force. Si tu veux vivre sagement, sois un peu philosophe. Il n'est pas toujours bon de s'attarder à considérer ce que font les autres, si leur tâche est aisée ou non; il est sensé, au contraire, de considérer la nôtre, afin de voir le meilleur parti que nous puissions en tirer. »

De la sagesse, beaucoup de prudence, un peu de bon esprit : voilà des appuis naturels, à la portée de tous. L'important est de vouloir réfléchir.

CXXXIX

Voir ce qu'il faut faire, c'est bien; le vouloir, c'est mieux; le faire, c'est le devoir.

Il est des gens qui ne savent jamais au juste ce qu'ils ont à faire. Toujours indécis, inclinant tantôt à droite, tantôt à gauche, leur idée flotte sans jamais s'arrêter au point où il le faudrait. Ils ne savent pas, parce qu'ils ne voient pas. S'il faut avancer, ils reculent; s'il est prudent d'attendre encore avant d'agir, ils vont de l'avant. Donc, se former une idée nette et précise de ce qu'il convient de faire, montre un esprit pondéré, qualité qui assure la bonne marche dans la vie.

Mais il ne s'agit pas de voir sa tâche, il faut vouloir la remplir. Rien n'est triste comme ces volontés molles, redoutant tout ou rien; chancelant au moindre heurt, ou retournant en arrière au moindre obstacle. Quelle différence avec une volonté bien arrêtée !

D'un coup d'œil, l'homme de volonté voit par où il convient de commencer. Surgit-il une difficulté? il ne s'arrête point pour si peu; il sait qu'au bout se trouve le but à atteindre : c'est là qu'il veut arriver, quoi qu'il lui en coûte. Au lieu de perdre son temps en raisons spécieuses, à savoir s'il est capable ou non d'aplanir l'obstacle, il travaille ardemment à lever la difficulté. Neuf fois sur dix, il réussira, car il ne quittera la tâche qu'à bon escient.

La volonté conduit à l'action. Si, comme on "a dit, la volonté est dirigée par la pensée, lorsqu'on a bien étudié sa tâche, on ne s'arrête point à telle ou telle considération. Les obstacles sont prévus; donc, notre devoir est de les franchir. Les avantages qui sont au delà seront notre récompense : double perspective bien faite pour aviver notre courage et le soutenir jusqu'à la fin.

J'ai lu quelque part : « La volonté, puissance à la fois intellectuelle et morale, bien dirigée, peut presque entièrement refaire un tempérament, par les habitudes qu'elle donne au corps. »

Or, quand on possède cette volonté, on est bien près d'accomplir la loi morale, dans laquelle se trouve la tâche de chacun, tout, dans la vie, devant concourir à notre élévation et à notre perfectionnement. Pourvu, toutefois qu'on y apporte l'esprit d'observation, guide sûr et fidèle; de la volonté, cette force vive de l'homme; enfin de l'action, ressort fécond mû par la vue juste et claire des choses.

Dans la vie, il n'y a qu'une route qui soit la bonne; l'important est de la trouver. Or, que faut-il pour aller au bon chemin? Voir, vouloir et agir.

CXL

Nous louons plus souvent ce qui est loué que ce qui est louable [1].

Pourquoi cette tendance à louer ce que les autres louent? D'abord, c'est par légèreté ou par habitude; ensuite parce que nous ne nous sommes pas accoutumés à nous former une idée personnelle, soit que l'instruction nous manque pour pouvoir juger en connaissance de cause, soit par paresse d'esprit.

Pourtant, être de l'avis de tous, c'est souvent n'être de l'avis de personne. Il faut savoir avant tout si ce qu'on loue est louable; de là, la nécessité de se former une idée à soi, à l'aide d'un jugement sûr. Or, qui nous aidera en cette science délicate qui fait toute la valeur de l'esprit de l'homme? En commençant de bonne heure à nous rendre compte des objets les plus simples, et en cherchant à les apprécier. Nous prendrons aussi l'habitude d'observer, de chercher le pourquoi des choses, des phénomènes naturels, que nous laissons passer distraitement sans leur accorder la moindre atten-

1. La Bruyère,

tion. Faisant partie de notre existence journalière, la coutume de les voir souvent, de s'en servir, nous les fait traiter avec indifférence, la plupart du temps.

Il suffit parfois d'un mot, d'une révélation, pour nous faire entrevoir des mystères inconnus jusqu'ici, lesquels seraient restés dans l'ombre, si une occasion ne nous avait pas ouvert les yeux.

Que de fois aussi, en étudiant, n'avons-nous pas été frappés d'un fait curieux, auprès duquel nous sommes passés plusieurs fois sans nous en apercevoir ?

Ou bien, en littérature, c'est une finesse de pensée, ou une saillie spirituelle qui nous avait échappé, même de livres mis constamment entre nos mains.

C'est pourquoi il est important d'observer, de revenir souvent sur nos études; si ce travail est fait sérieusement, nous serons étonnés des découvertes fort intéressantes que nous ferons parfois.

Outre ces avantages de l'étude, faite d'un esprit attentif, il est essentiel de prendre les conseils de personnes d'expérience, et de s'habituer à exposer courageusement son idée. Si elle est juste, on l'approuvera; si elle est fausse, on la rectifiera. Cette appréciation de personnes sensées, est la meilleure gymnastique pour former le jugement, de même que la conversation des gens lettrés aide à former le bon langage.

Alerte! mon esprit! mets-toi aux aguets. Ne perds

jamais une seule occasion de t'exercer. Arrière la fausse honte! C'est la monnaie dont se paient les sots ou les paresseux, ne voulant pas se donner la peine de s'instruire. Ils en seront réduits à ne savoir jamais au juste s'ils doivent louer ou blâmer. Nuls ils sont, nuls ils resteront.

CXLI

**« Qu'a fait le vent du nord des cendres de
« César? — Une herbe, un grain de sable.
« Mon Dieu! Voilà la vie[1]! »**

Que nous soyons grands ou petits, superbes ou humbles, le premier ou le dernier d'un pays, tous, nous subissons le sort commun : nos cendres, selon la pensée profonde du poète, balayées par les vents, se transforment pour subir les lois de la nature. Ici, brin d'herbe; là, grain de sable; ou ceci, ou cela; il ne reste rien de l'homme qu'un oubli misérable, marchant encore plus vite que le temps, quoique celui-ci « comme un torrent s'écoule. »

Il est bien à plaindre celui qui s'attache aux honneurs, autrement que par le bon parti qu'il peut en tirer, pour le mettre au service de l'humanité!

Il est encore bien insensé celui qui, se glorifiant de sa beauté, de sa richesse, pense être supérieur à tous, et s'y attache immodérément!

Le sage prend autrement la vie. Il ne tient qu'au bien qu'il lui est permis de faire. Il vit au milieu de l'abondance ou des honneurs, comme le pauvre dans la médiocrité, ou l'humble dans sa modeste position. Il considère la vie comme une course rapide à fournir.

1. A. de Musset.

Semblable au voyageur, il jouit de tout, voit tout et apprécie tout, sans se fixer nulle part, ni ne s'attacher à rien ; car il sait qu'il ne lui restera même pas la poussière du chemin se fixant à ses souliers : ne laisse-t-on pas tout au seuil de l'éternité ?

Donc, il passe sans trop de regrets, ni sans trop de désirs. La vie lui apparaît ainsi qu'une ombre s'effaçant peu à peu, pour se perdre dans la nuit des temps, où s'engouffrent l'indifférence et l'oubli.

Considérant ainsi la vie, l'homme sensé ne tient aux gens et aux choses qu'en vue du bien qu'il peut faire, et non de la gloire qu'il peut en tirer. Le vrai mérite est de chercher le bien dans le bien ; car, ainsi que l'a dit Jules Simon, « la vertu qui rapporte n'est pas de la vertu. »

Que cet apport s'appelle gloire ou richesse, il nous faudra tout laisser là un jour ; seules nos œuvres nous survivront. Il importe donc qu'elles soient bonnes ; c'est le seul trésor dont nous ne pourrons être dépouillés. Quant au reste, le souffle de l'indifférence en fera ce qu'a fait le vent du nord des cendres de César : un rien ou peu de chose.

L'oubli, n'est-ce pas la plus cruelle ironie des affections humaines, comme de la gloire et des succès ? Heureux qui les considère pour ce qu'elles valent, cendres ou grains de sable, et ne s'attache qu'au seul bien que le temps ni les hommes ne peuvent lui enlever : ses bonnes œuvres.

CXLII

L'empereur romain Auguste a dit cette parole célèbre : « Je suis maître de moi comme de l'univers. »

Maître de l'univers, est un mot superbe que peu peuvent se dire, ou plutôt qui n'appartient à personne. Maître de soi, c'est autre chose : un peu d'énergie peut nous donner cette puissance.

Être maître de soi, c'est savoir gouverner sa nature, maîtriser ses passions, mettre un frein à ses aspirations sans trouble ni défaillance, quand elles dépassent les bornes raisonnables.

Il n'est pas toujours facile d'être son propre gouvernail : il faut montrer à la fois du caractère et de la volonté ! Il n'est pas de caractère sans volonté, ni de volonté sans luttes : les hommes unissant ces deux forces sont assez rares, car en notre temps on aime la vie douce et facile.

Nos mœurs, notre éducation actuelle, jusqu'au luxe qui tend à pénétrer partout, sous une forme ou sous une autre, amollissent nos forces et neutralisent ainsi, petit à petit, la culture de l'âme. On se laisse faire doucement; on jouit d'une aisance relative, procurée par un travail soutenu, il est vrai, mais mieux rétribué que par le passé; ce qui nous permet les jouissances d'une existence commode, inconnues à nos pères.

Ces luttes pour la vie, dont on parle tant, et qui sont par le fait très légitimes, sont plus fécondes à enrichir l'homme qu'à le moraliser. Le perfectionnement se fait mal au milieu des aises : trop de choses engourdissent le sens moral.

On travaille beaucoup plus qu'autrefois; on décuple ses forces intellectuelles, pour se faire une position dont le but est de se créer une vie matérielle luxueuse ou au moins douce. Le but est louable, honnête même, mais la marche suivie affaiblit souvent nos facultés, par le surmenage; tandis que la fin qu'on se propose neutralise tout doucement les forces vives de l'âme.

Ne s'échauffe-t-on pas à la lutte? Est-ce qu'on ne surexcite pas trop son esprit, troublant ainsi ses facultés dans l'entraînement d'un travail acharné, pour satisfaire une ambition, colorée sous le nom de légitime?

Autant des goûts simples et une vie tranquille développent nos moyens, autant l'excès les paralyse. On n'a plus le temps de vivre; chaque échelon de l'existence mène à la mort. Combien meurent avant de jouir d'une fortune péniblement amassée ! Ou bien, usés par le tourbillon des affaires, ils n'ont plus la force ni le courage d'en jouir. Seule, la science nécessaire, celle qui fait vivre l'âme et repose le corps, a été oubliée : l'art de bien vivre. Art qui ne s'acquiert que par l'emploi judicieux, bien équilibré de nos facultés intellectuelles et morales, ou de nos forces matérielles. En un mot, par une éducation virile et soutenue de tout l'homme.

CXLIII

**La vraie charité n'est pas celle qui donne le
plus, mais celle qui donne le mieux. Savoir
faire l'aumône montre un esprit délicat et
prouve un cœur d'or.**

Le don n'a de valeur que par la façon dont il est
offert; certaines gens donnent beaucoup, mais donnent mal; ils ont moins de mérite que d'autres donnant peu, mais sachant offrir ce peu avec tact et
amabilité.

Exemple : Un riche paye le loyer d'un pauvre
ouvrier. En l'obligeant largement de sa bourse, il
ne veut pas perdre l'occasion de donner une leçon
de prévoyance au malheureux, dont la péroraison
renferme un tout petit éloge à l'adresse de sa générosité.

Mon Dieu, il croit tout naturel d'agir ainsi; beaucoup penseraient de même, s'il s'agissait d'un dissi-
pateur. Mais supposez un instant que vous avez
affaire à une victime du sort, subissant le contre-
coup d'une catastrophe inattendue, et qu'il veut
tenir secrète pour l'honneur des siens ou de quelqu'un, vous avouerez que l'instant est mal choisi.
Victime innocente, il n'est point délicat d'humilier

le pauvre au moment où vous le secourez ; vous perdez ainsi tout le fruit de votre action charitable.

Au contraire, une bonne voisine, n'ayant que son travail pour vivre, trouve le moyen de soulager la misère d'à côté. Elle donne de sa bourse quand elle le peut ; toujours de ses soins, de ses conseils, et souvent même de son cœur. Elle ne profite pas de la misère d'autrui pour adresser un reproche, tout mérité qu'il soit, ou de parler de sa bonté qui lui semble toute naturelle. Elle sent en elle-même que la position des malheureux est assez douloureuse, sans qu'elle y vienne joindre l'amertume d'une leçon, ou l'ironie de sa propre louange. Rien n'aigrit le caractère de l'infortuné comme de lui rappeler un tort, ou de lui montrer un mérite dont il n'a que faire au milieu de ses peines.

La bonne voisine aide et soulage d'abord ; puis, si elle croit prudent de glisser un conseil, elle agira avec le tact et la délicatesse qui sont au fond de toute bonne âme.

Pendant ce temps, elle partage son bouillon, prépare un de ces petits rien appelés à réjouir le cœur du malade, et apporte souvent avec tout cela le don précieux d'une franche et cordiale gaieté.

Le premier n'a donné que son superflu ; tout en offrant plus, il a moins fait pour le pauvre que la seconde. Tandis que celle-ci a fait l'aumône avec son cœur, l'autre ne l'a faite qu'avec sa main.

La vraie charité n'est pas seulement dans un don,

elle est encore dans un regard compatissant, dans une parole bienveillante ou dans un geste affectueux.

Elle est aussi dans la bouche discrète sachant se taire à propos, dans une louange délicate offerte à un déclassé, ou dans un élan du cœur qui attire à soi les infortunes morales, pour les consoler, les partager au besoin, en un mot, les faire oublier.

Les âmes généreuses ont mille ressources qui forment la chaîne d'or de la charité, unissant la terre au ciel; lien de la miséricorde et de l'amour.

CXLIV

Ce n'est pas tant le succès qui fait le mérite que l'effort, ou le travail personnel. Un enfant qui réussit nous plaît; un enfant qui lutte avec les difficultés nous émeut. Nous aimons le premier, nous admirons le second.

A quoi devons-nous le succès ? Nous ne pouvons le nier, c'est presque toujours à un travail persévérant. Pourtant il tient aussi à une heureuse disposition naturelle, ou à « une tête bien faite », comme dirait Montaigne.

Il tient encore à quelques relations choisies, faites pour ouvrir l'intelligence des jeunes gens, sans qu'ils s'en doutent, et qui les préparent à savoir bien des choses qui seraient lettre morte pour beaucoup. Ici la leçon du maître tombe sur un terrain préparé, et par conséquent a toutes les chances d'être profitable.

N'acquiert-on pas aussi une certaine habileté dans la société des gens d'élite ? Les manières s'y forment ainsi que l'esprit; l'aisance acquise par l'habitude du monde, rend le jeune homme plus maître de lui, moins étonné : de là une assurance qui lui permet de disposer de ses facultés.

En voilà d'autres, au contraire, heureusement doués, mais qui doivent tout tirer d'eux-mêmes.

Pour suppléer à l'action bienfaisante d'un entourage distingué, ou d'un milieu intelligent qui leur a manqué, ils sont forcés de piocher vigoureusement livres et notes, et de ne pas s'oublier un instant à la leçon du maître. Et souvent, malgré une attention soutenue, pleine de bonne volonté, quand ils croient avoir compris et se préparent à traiter la question, ils s'aperçoivent tout à coup qu'il leur manque un point essentiel, le clou de la leçon.

Ils cherchent, ils tâtonnent. Si ce travail n'aboutit point, ils sont malheureux, découragés; mais quand ils ont trouvé, quoique ce n'ait pas été sans peine, ils se sentent tout heureux et pleins d'espoir.

Aussi comme il est digne d'intérêt le jeune homme travailleur, n'attendant son succès que de lui-même ! Il a connu de bonne heure le prix du travail; mieux que les autres, il saura en apprécier les bienfaits.

C'est pourquoi l'éducateur, appelé à suivre pas à pas le développement de jeunes intelligences, y prend le plus vif intérêt. Certains élèves lui font honneur par leur vivacité d'esprit, par leur facilité de comprendre; il en est charmé, il en jouit de tout cœur. D'autres, moins brillants, luttent, étudient avec assiduité, en faisant de constants efforts pour se maintenir au rang des premiers; pour ceux-ci, le maître ressent une affection tendre et toute particulière.

Tandis que les premiers font sa joie, les seconds font son bonheur.

CXLV

Bannissons de nos cœurs toute crainte puérile. La seule chose que nous devions craindre, c'est de faire le mal; quant au reste, opposons-lui la force d'une âme droite et pure.

Il ne faut pas confondre la crainte juste et sage de laquelle l'Ecriture nous dit « qu'elle est le commencement de la sagesse », avec la crainte qu'éprouvent sans cesse certaines gens pour des motifs puérils.

Ainsi, craindre l'entraînement à ses passions, est salutaire; cette crainte nous fait prendre les moyens d'éviter le vice. Craindre également la fréquentation des méchants, ou les sociétés dangereuses, est sage; on n'y peut rien gagner de bon en les suivant.

Il est utile, aussi, de redouter de faire de la peine à ses amis, de manquer d'égards envers nos égaux ou de respect à nos supérieurs : agir autrement serait méconnaître le bienfait des lois fondamentales de toute bonne société.

Mais craindre le danger, là où il n'est souvent qu'apparent, et le mal quand il n'est pas prouvé, est une faiblesse.

Ainsi, appréhender sans cesse les maladies ou la mort; hésiter de venir au secours de quelqu'un en danger, de peur d'en être la victime ; priver de nos soins les malheureux atteints d'une infirmité quelconque, de crainte du contact : tout cet ensemble rend la vie pénible, et, on peut ajouter, peu digne d'un homme qui se respecte.

Quand on a sa conscience pour soi, on est bien fort au milieu de ces sortes de dangers, qui sont, ou peuvent être, plus imaginaires que réels. Du reste, quand ils le seraient, si l'on s'y arrêtait plus que de raison, la vie ne serait plus qu'un lourd fardeau et par trop égoïste.

Néanmoins, ne confondons pas la prudence qui nous rend circonspects, avec la pusillanimité qui nous fait voir un danger partout. Semblable au lièvre, un souffle, une ombre, un rien, tout donne la fièvre au faible d'esprit ; ce n'est plus vivre, c'est mourir mille fois.

Il est à remarquer que dans ces craintes exagérées, il entre un peu trop d'amour de soi : si l'on s'oubliait un peu plus, on redouterait moins le danger ou la mort. D'ailleurs, quoi que nous fassions, nous ne pouvons pas échapper à la douleur ; qu'elle soit morale ou physique, il nous faut tous passer par le creuset de la souffrance ; un peu plus, un peu moins, elle n'épargne personne.

Je ne sais plus qui a écrit cette pensée que j'ai cueillie en quelque endroit : « La douleur, au point de vue physique, est la sauvegarde de la santé ; au point de vue intellectuel, elle est la cause du progrès ; au point de vue moral, elle est la condition du mérite ; elle fait la valeur du sacrifice et de la vertu. C'est elle qui montre une autre vie au delà de laquelle nous apercevons l'idéal. Elle est un avertissement dans l'ordre moral aussi bien que dans l'ordre physique ; et le remords, violente douleur morale, nous indique le droit chemin quand on a eu la douleur de le perdre. »

Donc, ne nous arrêtons pas aux craintes puériles, lesquelles arrêtent le courage de faire le bien. Prenons bravement notre parti : une bonne conscience nous aidera haut et ferme dans la lutte.

CXLVI

Bienheureux ceux qui sont doux, parce qu'ils posséderont la terre [1].

Rien n'est plus gracieux, ni d'un commerce plus facile et plus agréable, qu'une personne douce. Tout le monde la recherche; chacun aime à entrer en rapport avec elle, à lui confier ses projets, ses chagrins, étant sûr d'avance que les uns et les autres seront examinés paisiblement, sûreté qui convient si bien aux personnes inquiètes ou troublées.

La douceur peut être une qualité naturelle ou acquise. Quand elle est naturelle, elle est souvent affaire de tempérament; dans ce cas, elle peut frôler l'indifférence : de celle-ci, il n'en est pas question, en tant que vertu. Les gens qui ne sentent rien n'ont rien à combattre. Pour eux la vie est passive; peu aimés, ils aiment peu les autres.

Ou c'est une conséquence de la bonté, unie à une vive sensibilité. La bonté agit fortement sur le caractère ; elle domine les mauvaises impressions pour les soumettre à ses lois ; la sensibilité n'en est que la conséquence naturelle. L'une et l'autre s'enchaînent ; on ne comprendrait pas la bonté sans

1. Évangile.

la sensibililé, pas plus que la sensibilité sans la bonté : ces deux qualités, allant de front, mènent presque toujours à la douceur.

Quand la douceur est une qualité acquise, elle prouve à la fois, chez celui qui la possède, du cœur et du caractère. On raconte qu'un des saints les plus aimables et les plus doux, saint François de Sales, était né violent. Il combattit pendant plus de vingt ans ce penchant, et arriva, par sa persévérance, à mériter d'être cité comme un modèle de douceur. Certes, il faut du courage, et du vrai, pour en arriver là; mais il faut aussı quelque chose de plus : l'amour de Dieu et l'amour de l'humanité.

« Les doux posséderont la terre. » En vérité, ils attirent tout à eux. Ils gagnent les cœurs, ramènent à leur cause les moins convaincus, et obtiennent souvent ce qui a été refusé à beaucoup d'autres.

On aime à voir l'homme représentant la force et l'énergie, unir à ces qualités viriles un caractère doux, aimable et pacifique; il est sûr de gagner les sympathies de tous.

Par contre, on ne comprend pas la femme violente, emportée. Tout dans sa nature délicate, et avec son cœur où se trouve le trésor admirable de l'amour maternel, appelle la mansuétude.

Une femme n'est vraiment femme, qu'autant qu'elle est aimable, gracieuse et affable. Ces qualités ne peuvent s'allier qu'avec la vertu de douceur.

CXLVII

**Allez droit votre chemin, et vous ne craindrez
ni les ornières, ni les heurts.**

Marcher droit son chemin, comprend toute la
morale. Elle est en grande partie, comme l'a dit
M. Rozan, l'œuvre de l'expérience.

En effet, on ne connaît bien une route que quand
on l'a déjà parcourue ; on peut en éviter, alors, ainsi
que le dit la maxime, les heurts ou les ornières. De
même, on ne connaît sûrement la conduite à tenir,
dans bien des circonstances, qu'après nous être
heurtés aux difficultés. L'expérience est si utile à
l'homme, qu'il n'est bien convaincu qu'après en
avoir recueilli les fruits.

Mais combien se la rendraient moins cruelle, s'ils
s'en tenaient à la route toute tracée, soit par les éducateurs de leur jeunesse, soit par les conseils de ceux
qui ont quelque autorité pour les guider !

Souvent on en veut faire à sa tête, croyant assurément qu'on s'en tirera plus adroitement que les
autres. Est-ce que la jeunesse ne voit pas de l'exa-
gération dans les conseils dictés seulement par la
prudence ? C'est lorsqu'elle s'est piquée à l'épine de
la haie qu'elle est convaincue qu'il y en a.

Heureux si les jeunes gens sont guéris par la première blessure! C'est douteux; on est rarement converti après une première chute.

Un des travers de la jeunesse, je devrais dire de l'humanité, c'est d'essayer par elle-même de la portée du danger, ou du sérieux de la défense. Voyez le tout petit enfant sur les genoux de sa mère! Il veut porter le doigt à la flamme qu'il admire. Sa mère l'avertit par ce mot : « Brûle! » Il la regarde, puis avance encore le doigt, en riant; il en fait un jeu. A la fin, emporté par le désir, il y touche, jette un cri, et comprend maintenant la vraie signification de ce mot « brûle! »

Dans le cours de la vie, nous ressemblons plus ou moins à ce petit. On nous crie : « gare! » mais bah! nous allons toujours jusqu'à ce qu'enfin nous sentions, à la chute, la vérité du cri d'alarme.

Rappelons-nous, pourtant, que l'intelligence vient au secours de l'inexpérience, en la rendant plus circonspecte. L'esprit réfléchi qui sait prévoir et voir, aplanit bien des difficultés. Citons, en passant, cette idée de M. Rozan : « Notre perfectionnement moral, dit-il, dépend beaucoup de notre intelligence : un cœur généreux doit tenir compagnie à un cœur élevé. » L'esprit, mais un esprit sain et juste, joue un grand rôle dans la conduite de notre vie. L'esprit brillant éclaire la route; mais l'esprit pondéré la trace et la suit.

CXLVIII

Au fond de chacun de nous, il y a un coin productif pour le bien ; il suffit de le découvrir et de le cultiver.

Nous avons tous des tendances plus ou moins prononcées pour le bien ou pour le mal. Les uns penchent un peu plus vers certains défauts ; les autres un peu moins. C'est un peu l'affaire du tempérament de chacun, ou du milieu dans lequel nous avons été élevés.

La nature est un maître qu'une bonne direction, jointe à la raison, peut seule maîtriser. L'essentiel serait de se connaître. Comme c'est une œuvre longue et délicate, apportons le plus grand soin à chercher au fond de notre cœur les germes en bien, comme en mal, que la Providence y a placés : la bonne volonté, secondée d'un peu de sagesse, saura éloigner le mal pour faire place au bien.

« Dieu serait injuste s'il n'avait pas donné à tous les êtres qui ont une âme l'aspiration au bien, et la faculté de tendre vers le mieux », a dit encore M. Rozan. Cette aspiration, cette faculté, n'est-ce pas la force qui fait germer les vertus dont toute âme humaine porte en soi la semence? Souvent, ce germe est un cœur délicat et sensible ; un brin d'enthousiasme pour toute action noble ou grande, ou pour tout ce qui est beau, ou bien encore un sentiment d'amour pour l'humanité. Joignons-y une pointe de justice, un élan généreux, une tendance vers l'ordre. Cultiver cette semence, toute petite qu'elle soit, c'est faire jaillir les vertus qui font les grandes âmes.

Une main habile dans l'art de conduire peut obtenir un résultat fécond, pourvu que la volonté du disciple s'y prête un peu.

L'éducation, finement dirigée, sait tirer des dons précieux, de nature quelquefois vulgaires. Il suffit de savoir : c'est là qu'est tout le secret.

Hélas ! combien l'ignorent, et néanmoins s'instituent en éducateurs et en directeurs d'âmes ! C'est pourquoi on voit des masses d'hommes assez instruits, et un nombre relativement restreint d'hommes bien élevés, dans toute l'acception du mot, tel que l'a si bien défini Mgr Dupanloup dans son livre de l'*Enfant*.

Le travail le plus délicat, le plus important, celui qui demande le plus de tact, de cœur et d'intelligence, est assurément la culture de l'enfance. « Son âme, semblable à un vase précieux, ne doit contenir qu'une liqueur exquise », a dit Fénelon.

Les bons principes, le goût de la vertu, le respect des lois divines et humaines, enfin le respect de soi-même, telle doit être la composition de la liqueur précieuse dont parle le célèbre évêque. N'est-il pas touchant, le jeune enfant, avec son air ingénu, son sourire confiant, ses yeux candides, ensemble gracieux semblant vous demander appui, protection, pour trouver la voie du bonheur ?

Qui n'en est pas ému ne mérite pas le nom d'homme, encore moins le titre d'éducateur.

CXLIX

Le temps est un grand maître.

Cette pensée peut s'expliquer ainsi : L'expérience ne s'acquiert qu'avec le temps ; elle donne à l'homme la leçon vraie, et pour ainsi dire brutale, de l'instabilité des choses : leçon par excellence, quoique mordante pour le cœur, car elle ne laisse aucun doute dans l'esprit.

Avec le temps, aussi, les grandes douleurs s'apaisent, les caractères se modifient, la sensibilité s'émousse, et malheureusement avec cela les illusions, ce charme de la vie, s'envolent une à une, laissant l'esprit et le cœur à sec.

L'expérience est une épreuve nécessaire pour nous apprendre à vivre. En même temps qu'elle nous corrige de nos présomptions, elle nous indique les écarts à éviter, si nous voulons nous préserver d'un choc trop rude. Elle nous ouvre les yeux, détruit de chères espérances, et neutralise parfois trop brutalement notre confiance en l'avenir. Pourtant c'est un remède efficace, quoique cruel.

Pour la jeunesse, la leçon est quelquefois très dure : c'est quand l'appui moral, sur lequel elle avait compté avec la plus grande confiance, lui manque tout d'un coup. Ou bien quand un ami, choisi entre plusieurs autres, la trahit ou la délaisse. Les esprits sensibles et impressionnables se trouvent profondément atteints de cette blessure, qui détruit d'un seul coup le charme le plus puissant des jeunes gens : la cordiale franchise. C'est pourquoi beaucoup deviennent moroses et sceptiques, lorsqu'ils commencent, à sentir la plus grande épreuve de l'âme humaine : le doute, cette calamité funeste qui anéantit à jamais la confiance.

Les forts s'en tirent ; ils ne veulent pas être vaincus. Les sages se contentent du témoignage de leur conscience en se disant : « Je fais ce que je dois, que les autres en fassent autant. » Philosophie désirable qui, sans les laisser insensibles, les remonte et les aide à poursuivre leur chemin. Les faibles seuls y laissent la meilleure partie d'eux-mêmes : l'espérance.

Avec le temps, si les douleurs s'apaisent, les déceptions perdent leur acuïté ; de même que les idées, en se modifiant, trempent les caractères. C'est un bienfait pour l'humanité, dû au contact des esprits divers, en la vie de société : somme toute, bonne école pour qui sait tirer parti des leçons qu'on y reçoit à chaque instant.

Donc, comme on le dit souvent, la vie est un vaste champ d'expérience. Les uns s'y élèvent, s'y instruisent et se fortifient : ce sont les forts. Les autres s'y abaissent ou s'y avilissent : ce sont les sots ou les faibles, qui n'ont su rien apprendre, ni retenir. Enfin, bon nombre restent stationnaires, insouciants, vivant au jour le jour : ce sont les indifférents. Les premiers seuls comptent dans l'humanité ; aussi on les appelle des hommes. Quant aux autres, on n'en parle pas.

CL

Qui est l'ami de tous, n'est l'ami de personne.

La Fontaine a dit avec raison : « Chacun se dit ami, bien fou qui s'y repose.

« Rien n'est plus commun que le nom, rien n'est plus rare que la chose. »

Un ami vrai est un trésor difficile à trouver. On abuse trop du titre d'ami ; on en parle avec une légèreté telle, qu'un homme sérieux ne peut s'empêcher d'en rire.

Celui qui est l'ami de beaucoup de gens, sera-t-il capable de donner, à tous, les témoignages d'une amitié vraie ? Etre l'ami de quelqu'un, c'est l'aimer autant que soi-même, se dévouer pour lui chaque fois qu'il sera nécessaire de le faire, le consoler dans ses peines, les prendre pour soi, autant qu'il est possible. L'ami vrai recherche plus volontiers son ami dans la tristesse que dans le bonheur, l'aide de sa bourse, jouit de sa joie, partage ses espérances, pleure de son chagrin.

Enfin, il est pour son ami ce qu'il voudrait que cet ami fût pour lui-même, plus encore au besoin. Ainsi, quand l'ami semble oublier l'affection qui nous lie, la lui conserver intacte comme s'il nous était toujours fidèle.

Tel est le caractère sacré de l'amitié vraie.

Ajoutons que nous n'avons pas de secret personnel pour notre ami, pas plus qu'il n'en a pour nous : le seul qu'il ne nous est pas possible de révéler, c'est celui qui ne nous appartient pas en propre. Tout est commun : peines et joies, espérances ou désillusions ; l'un soutient l'autre dans une confiance réciproque. Enfin, on ne peut mieux traduire l'union de deux amis que par ces mots : Un seul cœur, une seule âme.

L'amitié naît souvent d'une commune estime, d'un accord de tendances ou de sentiments. S'il existe des contrastes entre les caractères de deux amis, il n'y a aucune opposition au fond de l'estime qui les lie, estime qui s'appuie sur le même point, qu'on peut définir par ces mots : loyauté, moralité, confiance.

« L'amitié est à l'estime ce que la fleur est à la tige qui la soutient (1). » L'estime réciproque en est le lien durable.

Citons, en passant, ces lignes d'Eugénie de Guérin : « Entre femmes l'amitié est bientôt faite : un agrément, un mot, un rien suffit pour une liaison ; mais ce sont des nœuds de ruban pour l'ordinaire, ce qui fait dire que les femmes ne s'aiment point. »

(1) Gustave Droz.

Il ne m'appartient point de juger si l'amitié des hommes est une amitié plus durable que celle des femmes. Je pense que dans l'un et l'autre sexe, il y a de belles et fortes amitiés. Je pense aussi que si l'amitié des hommes est plus durable, c'est qu'il y entre moins, peut-être, de délicatesse et de sensibilité. Quand on sent moins, on souffre moins ; et quand on souffre moins, on laisse aller plus aisément les choses au cours de la vie.

CLI

Garde un esprit fier dans une âme tendre.

Rien ne nous oblige plus à l'admiration qu'un esprit fier. De même que rien ne nous touche mieux qu'une âme tendre.

Ne pas confondre une noble fierté avec un sot orgueil !

L'âme fière a une haute idée de la dignité de l'homme ; elle craint les bassesses et les trivialités comme la personne propre redoute les taches : aussi son continuel souci est de se tenir haut et bien.

Tandis que le sot orgueilleux se vante, croit tout savoir, et essaye de rapporter tout à lui, l'âme fière attend la louange qu'elle peut mériter, sans jamais la rechercher. Ses bonnes actions lui suffisent. Si on la loue de son mérite, elle reçoit la louange avec calme et simplicité ; si on se tait, elle ne s'en trouble pas davantage, ne redoutant en toutes choses que ce qui serait capable de porter atteinte à la dignité de ses sentiments, comme à sa réputation.

L'orgueilleux est ordinairement égoïste. Il n'y a que lui qui réussit ; aussi, n'a-t-il d'yeux que pour ses œuvres et pour tout ce qui le concerne. Quant au mérite d'autrui, il n'y pense même pas. Peut-il croire à la réussite des autres, lui qui n'a de tendresse et de sensibilité que pour lui-même et pour tout ce qui le regarde ?

L'âme vraiment fière, au contraire, a une telle idée de la dignité de l'homme, qu'elle voudrait que tous la possédassent au même degré. Elle est généralement sensible aux bonnes comme aux belles actions. Indulgente pour ceux que la nature a moins favorisés qu'elle, elle se montre généreuse et délicate pour tous.

Tandis que la délicatesse fait le fond de l'âme fière, l'indifférence ou une basse envie domine l'orgueilleux. C'est que la première croit à tous les bons sentiments des autres, et à leur vertu ; tandis que le second ne croit au mérite de personne, si ce n'est au sien propre. Il doute de tous, excepté de lui.

Il est bon de citer encore ici M. Rozan : « Si les hommes supérieurs sont faciles à tromper, c'est que les phénomènes les plus extraordinaires leur paraissent plus probables qu'une méchante action. » N'est-ce pas la louange la plus délicate qu'on puisse leur adresser ?

Ajoutons qu'ils ne croient pas aisément au mal, qu'ils n'y pensent pas; mais s'il leur arrive d'en être témoin, ils s'en affligent comme d'un tort qui leur serait personnel. La vraie bonté du cœur, ainsi que la vraie délicatesse, ne peut exister que là où il y a générosité, moralité et noble fierté,

CLII

Un esprit soumis mérite nos égards;
un esprit servile, notre mépris.

L'esprit de soumission montre de la simplicité, de l'humilité et surtout de la raison.

Un esprit servile prouve de la souplesse, de l'hypocrisie, et souvent de la bassesse.

N'est-il pas bien aimable l'enfant soumis avec sa simplicité franche et son air candide ? Obéissant aux ordres de ses maîtres, parce que c'est la règle, les lois de l'école lui sont sacrées. Docile envers ses parents, en toute chose, il ne comprend pas qu'on puisse leur faire sérieusement de la peine.

Aux yeux de tous, il se montre tel qu'il est, avec ses défauts et ses qualités, ne cherchant pas plus à cacher les uns qu'à faire parade des autres. Il s'ignore, et c'est là son plus grand charme. Heureux sera-t-il, si l'éducation qu'il reçoit affermit ses aimables qualités !

Au contraire, nous éprouvons un sentiment pénible, quand nous voyons l'enfant n'obéir que par la crainte du châtiment. Chaque fois qu'il le peut, il cache sa faute, ou la colore de mauvaises raisons. Souple et servile, il semble toujours prêt à faire ce que nous ordonnons quand il est sous nos yeux ; une fois livré à lui-même, il n'en fait rien, ou à peu près.

Il faut une grande habileté au maître pour le ramener à de meilleurs sentiments. C'est affaire de tact et de cœur, à laquelle les éducateurs de tous ordres devraient bien s'appliquer, si l'on considère que l'avenir des enfants dépend souvent de la façon dont ils ont été conduits.

Glané cette pensée de Mgr Dupanloup :

« L'enfant, c'est l'homme lui-même, avec tout son avenir enfermé dans les premières années ; l'enfant, c'est l'espérance de la famille et de la société. C'est le genre humain qui renaît, la patrie qui se perpétue, et comme le renouvellement de l'humanité dans la fleur. »

L'enfant naît simple et franc. En général il restera ce qu'il est, s'il n'a pas d'exemples capables de le porter à la dissimulation, et s'il n'est pas mené brutalement : rien n'est plus funeste à la bonne conduite du caractère qu'une rigueur excessive, laquelle a souvent pour résultat de conduire à la sournoiserie l'enfant craintif.

Au contraire, il restera franc et facilement soumis, si, en gagnant sa confiance, nous l'amenons doucement, et par la persuasion, à reconnaître sa faute. Il résiste rarement à la bonté, aux bons soins et aux bons exemples. Ce qu'il a été enfant, il le sera homme, s'il n'a pas rencontré sur sa route des camarades capables de l'influencer sérieusement. Et encore il nous est permis d'espérer, dans plus d'un cas, que l'influence des autres ne sera ni de longue durée ni trop néfaste. Quand l'éducation a été bonne, il en reste toujours un bon fonds en chacun de nous.

Plus tard, le jeune homme, livré à ses propres forces, sera soumis aux lois, respectueux de l'autorité civile, militaire et religieuse. Il suivra son chemin, noblement et franchement, sans s'asservir jamais aux idées que sa conscience réprouve. Méprisant la servilité et la bassesse, la ruse ou le mensonge, l'esprit de loyauté dont il a été nourri en son enfance le suivra partout et toujours.

CLIII

**Prenez vos outils sans mitaines; chat ganté
ne prend pas de souris.**

Cette pensée est plus profonde qu'elle ne le paraît
tout d'abord.

Qui ne sait que les gants empêchent l'élasticité
des doigts, et nous privent ainsi, dans une foule de
cas, de l'aide de ces auxiliaires si précieux, premiers outils dont l'homme a été muni par la Providence !

Mais ne pouvons-nous pas entendre par là, qu'en
beaucoup de cas, nous devons aller hardiment, sans
nous entourer de précautions faites plutôt p   r entraver la marche que pour la dégager ? Qui n'entre
pas au cœur même de la question à étudier, crainte
des obstacles, risque fort de ne la résoudre jamais.

Pour réussir, il est bon d'employer tous les
moyens dont nous pouvons disposer : le meilleur,
le plus utile, c'est, à n'en pas douter, la liberté
d'esprit.

Commençons d'abord par le dégager des entraves
menaçant de l'obscurcir, ou simplement de le distraire
sérieusement; et, une fois en possession de
sa liberté, l'esprit se féconde, comprend sa tâche,
et peut la mener à bonne fin.

Nous pourrions multiplier les exemples à l'infini;

dans tous, nous verrions qu'il faut agir résolûment, sans mollesse, sans crainte puérile.

Au sens propre du terme, les mains habiles n'ont jamais de gants pour faire leur travail.

Si elles courent, volent, exécutent mille tours de force sur les cordes ou les touches d'un instrument, c'est qu'elles ont laissé toute entrave. Si elles confectionnent ces jolis et fins travaux, chefs-d'œuvre de l'art féminin, ou de l'industrie humaine, c'est qu'on leur a laissé toute la délicatesse du tact, cette source d'adresse.

En un mot, la souplesse, l'aisance et l'agilité sont toutes qualités acquises par un exercice libre et soutenu des mains.

Au sens moral, ne badinons point avec nos défauts : coupons, retranchons, modifions, au besoin, tout ce qui mérite d'être corrigé. Enfin, n'y allons pas de main morte ; l'hésitation, dans ce cas-là, est toujours une faute, et nous fait perdre, souvent, toute chance de perfectionnement.

Celui qui n'avance pas recule. C'est surtout en éducation que cette pensée est la plus vraie ; car l'homme qui s'oublie un instant, perd plus de terrain qu'il n'en gagne en plusieurs jours de lutte.

Donc, liberté d'esprit, exercice libre de la main, et résolutions fermes du cœur, sont autant de garanties pour nous délivrer des entraves, dont nous sommes entourés, pour nous empêcher d'arriver à bien.

CLIV

Plus le malheur est grand, plus il est grand de vivre [1].
Lâche qui veut mourir; courageux qui peut vivre [2].

Il y a de ces malheurs épouvantables qui glacent d'effroi les caractères les mieux trempés. Il est aussi de ces souffrances intolérables qui énervent les natures les plus patientes. Quand ces maux frappent des esprits faibles, ou des natures nerveuses et facilement irritables, on conçoit combien le coup qui les atteint leur est pénible à supporter, ou difficile à endurer.

C'est en ces circonstances douloureuses que la foi aide, soutient et console. L'espérance en une vie meilleure est seule capable d'apporter quelque remède à nos maux, tout intolérables qu'ils semblent être.

Au lieu de chercher à scruter les destinées de chacun, à l'aide de raisonnements plus ou moins subtils, ou à vouloir pénétrer les secrets de l'éternel mystère de la mort, n'est-il pas plus sage de se soumettre à la volonté de Dieu, humblement et patiemment, puisque nous ne pouvons pas toujours écarter les épreuves ?

1. Corneille.
2. L. Racine.

D'ailleurs, les raisonnements énervent, en éparpillant les forces, sans nous apporter une solution définitive. Le meilleur remède à nos maux est encore la résignation. C'est en voulant raisonner de choses ou d'événements, dont nous ne saurions comprendre le pourquoi, qui nous fait succomber souvent sous le poids de l'épreuve, en nous écriant comme quelques insensés : « Il n'y a pas de Dieu », ou encore : « Dieu ne s'occupe pas de nous. » Avec de tels arguments on en arrive à ne croire à rien : le doute tue et porte au désespoir. N'est-ce pas la négation d'une vie au delà qui conduit tout droit au suicide ?

Etudions plutôt la science de la vie ; c'est en apprenant à bien vivre, que nous trouverons le courage nécessaire pour supporter nos maux.

S'oublier, est une des premières conditions pour acquérir la force d'âme, si utile à la conduite de notre existence. Dès lors, il nous sera plus aisé de faire une guerre implacable à la mollesse, de supporter bravement les ennuis qui accablent l'humanité, les soucis inhérents à toute fonction sociale, les chagrins de la vie domestique, et enfin, les souffrances morales ou physiques auxquelles nous sommes constamment exposés : combat loyal, avivant les forces de l'homme plutôt qu'il ne les use, en lui donnant une paix relative.

Mais voilà ! on n'est pas toujours raisonnable ; on veut avoir des aises ; on a horreur du plus léger malaise comme de la plus simple contrariété. On s'énerve, on se capitonne dans une vie douce et confortable. Et quand il faut lutter, au lieu de regarder d'un œil tranquille, d'attendre de pied ferme l'obstacle à vaincre, on se détourne; on fuit en courant.

Croyant avoir conjuré le danger, on en rencontre un autre plus grand encore; on le vaincra, s'il le faut; mais le regard sonde à nouveau la grandeur de la difficulté ou l'importance du péril. On fuira encore, on fuira toujours jusqu'à ce que, énervé et épuisé par l'inertie de notre volonté, on succombe effroyablement.

Les âmes seules bien trempées savent supporter les chocs sans broncher.

CLV

Tout homme de courage est homme de parole [1].

Un courage assez rare, peut-être parce qu'il est le seul vrai, est celui qui se manifeste dans le calme, en face d'un danger ou d'une catastrophe.

Le sang-froid, dans ce cas, prouve mieux la vaillance, qu'en accomplissant une action d'éclat dont le bruit nous enivre.

Nous montrons encore davantage notre courage, en présence d'un fait qui nous outrage, ou d'une parole qui nous blesse, si nous savons rester calme, quoique la sensibilité de notre cœur ou la fierté de notre âme fassent rage en dedans de nous.

La victoire, dans ces circonstances délicates, m'a toujours paru le propre du courage vrai. N'en faut-il point aussi pour tenir certaines promesses, faites sur l'honneur, quand leur accomplissement peut nuire aux intérêts d'êtres chers et aimés ? C'est bien téméraire à nous, il est vrai, de s'engager sans réfléchir ! Que si, dans un moment d'oubli, nous avons eu la faiblesse de faire un enjeu compromettant les intérêts des nôtres, ne regardons pas en arrière ; il n'est plus temps : soyons ferme pour rester fidèle à la parole donnée.

J. Corneille.

Le sentiment de l'honneur est le plus délicat de tous, comme il est aussi le plus chatouilleux. On éviterait bien des malheurs si, tout en le conservant pur de toute atteinte, on s'appliquait à n'agir qu'avec prudence.

Combien, dans un moment de fol enthousiasme, se sont compromis, eux et leur famille ! La jeunesse ardente est sujette à de tels écarts. Pourtant, on l'admire avec son élan et son ardeur ; il y a tant de cœur, tant de générosité en son âme, qu'on est charmé de la voir agir !

Le calcul des égoïstes lui est inconnu, toute pénétrée d'un bonheur vrai, dans le sentiment qui l'anime : celui de faire quelque chose de grand et de bien pour l'humanité. Il est regrettable que de si nobles ardeurs rencontrent les désillusions ou les amères déceptions. Si l'âme des jeunes gens est assez bien trempée pour résister à ces chocs décevants, ils se trouveront armés pour les luttes de la vie : rien ne les fera plus trembler ni trébucher.

La leçon est épineuse. On aime, quand on est jeune, à se sentir apprécié ou approuvé. On n'a pas encore appris que le témoignage de sa conscience est la seule force, souvent, appelée à soutenir le courage humain. Sortir vainqueur de cette triste impasse, est un premier pas pour devenir un homme d'honneur.

La seule chose à redouter, c'est qu'avec les difficultés, le jeune homme ne se heurte à de funestes influences, capables de le détourner de la bonne voie, sous de faux prétextes, comme celui-ci, par exemple : « qu'on n'est pas tenu d'accomplir une promesse faite à la légère », surtout si elle est difficile à remplir.

Quoi qu'il en coûte, à moins qu'elle n'atteigne l'honneur, dans ce cas le remède serait pire que le mal, on ne doit jamais transiger avec sa conscience. En s'accoutumant à être fidèle à sa parole, dans les affaires courantes de la vie, on ne s'exposera pas plus tard à y manquer dans les circonstances graves, trop souvent fréquentes, au cours de certaines existences.

CLVI

Dieu.

« Le monde entier te glorifie ;
« L'oiseau te chante sur son nid,
« Et pour une goutte de pluie,
« Des milliers d'êtres t'ont béni (1). »

Si les merveilles de la nature révèlent Dieu, le reconnaître révèle l'intelligence. Comme dit le poète : « Le monde entier le glorifie. » L'homme seul dirait : « J'en doute ! » A quoi lui sert son esprit, sa raison ? Quand il nie, il ne prouve ni l'un ni l'autre.

Il n'est nullement nécessaire, ici, de chercher à démontrer que Dieu est. D'autres, bien plus autorisés, ont accompli magnifiquement cette tâche. Du reste, ces simples leçons de morale, quoiqu'elles s'adressent généralement aux jeunes gens de toute école, et qu'à ce titre, elles doivent écarter toute question susceptible de froisser les croyances des uns ou des autres, ne pourraient ne point mentionner le respect dû au nom de Dieu.

Pourtant, qu'il nous soit permis de dire que, lorsqu'on doute de Dieu, on est bien près de douter de tout. Mais prenons-y garde ! « Si nos doutes sont

____
(1) Alfred de Musset.

des traîtres qui nous font perdre l'occasion de bien faire », ils nous privent de l'appui précieux et solide sur lequel nous avons tous le droit de compter : la croyance en une vie meilleure, appelée à réparer les injustices de celle-ci.

Au moment de clore la série des maximes ou pensées contenues dans cet ouvrage, il nous a paru bon de rappeler le respect que toute créature doit au nom de Dieu ; respect appelé à confirmer la foi au cœur de l'homme.

L'homme discute, raisonne et parle du Maître de l'univers comme il le ferait d'une loi d'Etat, ou d'un mystère de la science. L'homme, il est vrai, a reçu l'esprit qui pense, ou le génie qui découvre. Il peut devenir si grand, par là, qu'il s'est cru asséz fort, ou assez profond, pour raisonner de ce grand mystère dont chacun s'occupe sans le pénétrer : « Des commencements et des fins de l'homme. »

Mais, étrange anomalie ! plus il avance à sonder les ténèbres de l'infini, plus il s'aperçoit des bornes de son esprit. « C'est la puissance même de l'intelligence humaine qui lui en révèle les limites », disait Mme Swetchine. Ce n'est pas le vouloir qui l'arrête, c'est le pouvoir.

Arrivés là, quelques-uns, froissés de leur impuissance, disent audacieusement : « Il n'y a pas de Dieu. » D'autres, touchés des merveilles de l'univers, avoueront en disant : « Il y a un Dieu ; mais il est trop majestueux pour s'occuper de nous. »

Dieu se rit sans doute de l'impuissance d'une créature qu'il a faite raisonnable, mais libre.

Ne doutons pas qu'il s'occupe de l'homme; mais pas toujours comme celui-ci l'entend. Pourrait-il oublier cette créature si grande par son intelligence, si intéressante par les trésors de son cœur? Non, Celui qui a fait le brin d'herbe pour l'hirondelle, selon la belle expression du poète (1), ne peut oublier l'homme auquel il a donné le génie, de son souffle divin.

La foi nous dit : « Rendons nos hommages à ce Maître de qui nous tenons tout ce que nous sommes, par la prière et le respect de son nom. »

L'espérance nous invite à la confiance : l'éternité est là pour réparer les injustices du sort et des hommes.

La charité, fille du ciel, nous porte à montrer notre amour à Dieu, autant par le respect de nous-mêmes, ou perfection morale, que par notre esprit de confraternité, dont l'Evangile nous fait une loi en ce divin précepte : « Aimez-vous les uns les autres. »

1. Victor Hugo.

CLVII

Aimer à lire, c'est faire un échange des heures d'ennui que l'on doit avoir en sa vie, contre des heures délicieuses [1].

Il n'est pas de vie, même la mieux conduite, qui n'ait ses heures d'épreuves ou de découragement. En ces moments de tristesse, on n'a pas toujours sous la main l'ami qui console, la famille qui comprend. Est-ce que parfois tout ne semble pas vous manquer ? Mais si vous aimez à lire, vous trouverez à votre portée un apaisement à vos peines, un oubli de vos douleurs.

Fouillez dans quelques livres de choix ; ouvrez un des chefs-d'œuvre dont notre littérature s'honore, et vous quitterez en esprit les misères de la vie.

Là, sans crainte d'être contredit, vous vous entretenez avec un esprit sensé, vif et spirituel, laissant voir une âme délicate, un cœur généreux. Un peu plus loin, c'est l'expansion de quelqu'un qui a souffert, lutté, ou éprouvé les mêmes angoisses qui vous étreignent en ce moment. S'assimiler les

1   o lesqule

épreuves d'un autre, en les comparant avec les siennes propres, relève, fortifie et console.

Ce peut être, si vous le voulez, le tableau d'une famille heureuse, la description vive, alerte et colorée de lieux charmants ; le tout semé, de ci et de là, de belles et fortifiantes pensées que vous cueillez à loisir. Vous vous délectez de tout cet ensemble, en buvant à longs traits, dans ces confidences intimes, le charme exquis des meilleures choses. Vous oubliez ainsi vos souffrances dans la plénitude d'un abandon plein de douceur.

Mais pour goûter les heures délicieuses d'une bonne lecture, il faut aimer à lire et à bien lire. L'amour de la lecture ne consiste pas dans une curiosité avide d'émotions, causée par une suite d'aventures, plus ou moins réelles, que nous offrent la plupart des romans. On ne lit pas, on dévore, dans le but d'arriver plus vite au dénouement, ne s'attachant qu'à la partie du roman la moins faite pour moraliser ou élever.

Dans presque tous, pourtant, il se trouve quelques bonnes pensées à glaner, ou d'intéressantes descriptions dont on peut s'instruire. Mais le lecteur, amoureux de sensations, ne s'y attarde point, il ne s'attache qu'aux péripéties ; le reste lui échappe. Ces lectures-là énervent sans aucun profit.

C'est bien avec raison qu'une femme célèbre écrivait « qu'un roman n'est mauvais qu'à la façon dont on le lit. » C'est pourquoi, si le lecteur a appris à lire dans le sens vrai du mot, la marche seule du roman ne l'attire pas : ce sont les belles et fortifiantes pensées, fleurs attrayantes d'une bonne littérature, qu'il recherche avec soin.

Là, il glane un bon mot, ici un heureux tour d'esprit ; plus loin, une idée exprimée avec élégance. Tout en charmant, ces lectures instruisent, reposent et relèvent. On sort de cette distraction attrayante, consolé, fortifié et presque toujours meilleur, considérant d'un esprit plus calme les hommes et les choses.

Quand on a pris l'habitude de lire avec fruit, la littérature légère ou douteuse ne nous attire plus ; on recherche surtout les livres recommandables sous le double rapport du mérite et de la moralité. Il nous est toujours loisible de faire un choix judicieux ; ce n'est pas la moisson qui manque, c'est le goût qui ferait plutôt défaut. Aussi, c'est un des bienfaits les plus réels de l'éducation que de savoir l'inspirer.

CLVIII

La gloire des grands hommes se doit toujours mesurer aux moyens dont ils se sont servis pour l'acquérir [1].

On peut devenir un grand homme dans toutes les positions sociales : le général, par ses victoires ou l'excellente discipline de son armée; le magistrat, par son caractère intègre; le savant, aussi bien que l'industriel, par leurs brillantes découvertes ; le cultivateur, à cause de son habileté à améliorer les productions d'un terrain intelligemment cultivé ; enfin, l'éducateur, par les brillants élèves qu'il a formés. Tous se font gloire, et non sans raison, des succès qu'ils ont obtenus.

Mais la gloire, pour être vraie, doit être pure.

Si le chef d'armée, dans le but de conquérir un grade supérieur ou une nouvelle décoration, a sacrifié mal à propos le sang de ses soldats; si le magistrat a montré plus d'esprit que de justice ; si les savants ont livré le secret d'une découverte, destinée plutôt à servir leur intérêt personnel que le bien public ; si l'agriculteur, pour étendre son domaine ou vendre ses produits plus avantageuse-

1. La Rochefoucauld.

ment, s'est servi de moyens que l'honneur rejette ; enfin si l'éducateur a cherché à former des hommes à esprit brillant, au détriment d'un jugement sain et droit : tous, en ces différentes professions, ayant marché à côté de la bonne voie, verront leur gloire sévèrement jugée.

Si elle est trouvée pure de tout soupçon, on le reconnaîtra ; sinon, il leur faudra compter « sur l'opinion, cette reine du monde. »

Mais, dira-t-on, il est bien difficile à la fragilité humaine de ne pas laisser échapper quelques écarts. Entendons-nous. Une inadvertance, un léger oubli ne sont point de nature à compromettre notre mérite : ce que nous devons éviter, ce sont les mauvais moyens pour arriver à un résultat, ou une négligence coupable.

Il faut, en toutes circonstances, conserver un caractère digne, une âme honnête et loyale. On a trouvé de ces hommes d'honneur, admirables de simplicité, mais grands en vertus, n'avoir rien fait pour s'attirer de la gloire, et que leur dignité seule plaça au premier rang. Dans ces conditions, ils sont grands sans le savoir, tant le mérite vrai est modeste.

Un autre honneur qui, tout caché qu'il soit, n'en est pas moins méritoire, c'est d'accomplir son devoir quotidien avec courage, quoique certaines circonstances le rendent pénible, ou d'une nature telle, qu'on puisse redouter les « qu'en-dira-t-on. »

Le courage, dans ce cas, constitue une gloire véritable, tant la nature humaine a horreur de la critique d'autrui.

« Il y a, dit J. Sandeau, dans l'accomplissement du devoir, si simple, si modeste qu'il soit, plus de grandeur véritable, que dans cette philosophie de laquais qui consiste à nier et à déprécier tout ce qui rehausse la dignité humaine. » C'est aussi, c'est surtout lorsqu'on ne peut justifier sa conduite, qu'il est grand d'agir quand c'est le devoir. Le mérite vrai est bien là.

CLIX

Oh ! qui pourrait compter les bienfaits d'une mère !
A peine nous ouvrons les yeux à la lumière,
Que nous recevons d'elle, en respirant le jour,
Les premières leçons de tendresse et d'amour [1].

L'amour maternel est le plus profond, le plus pur, en un mot le plus parfait de tous les amours. C'est pourquoi on se plaît à dire que le cœur de la mère est « un abîme d'amour. »

Rien ne la rebute, ni ne la lasse. Si son enfant est heureux, sa joie est intense et sans mélange. Est-il malheureux ? sa douleur est sombre, âpre et farouche. Elle partage encore la joie qu'elle ressent du bonheur de son enfant ; mais elle ne voudra nullement distraire une parcelle de la douleur qui remplit son cœur lorsque son enfant souffre : c'est en cela que se montre toute la profondeur de son amour ; c'est là qu'il est unique.

Son amour est sans partage et sans faiblesse ; il n'est si grand qu'à force d'être pur et profond. Son cœur, son âme, tout ce qu'elle a de plus cher et de plus sacré, appartient à son enfant. Tant pis pour lui, s'il n'a pas compris l'amour de sa mère !

1. Ducis.

S'il n'en profite pas, il se prive d'un trésor précieux, vrai talisman de bonheur pour sa vie. N'est-ce pas le souvenir de sa mère qui le fortifie et le soutient dans ses luttes? N'est-ce pas lui qui le console dans ses peines ? S'il s'écarte de la bonne voie, c'est encore vers elle que vole sa première pensée ; son émotion, alors, prouve la force du lien qui les unit. Avec les étrangers il brave ; avec elle il pleure.

L'amour maternel est aussi le plus parfait de tous les amours : une tache, une ombre ne l'altère jamais. Toujours semblable à lui-même, on ne le voit ni faiblir, ni se lasser. Inébranlable, lors même que l'enfant n'y répond pas, il semblerait croître, si c'était possible, en proportion des faiblesses auxquelles se laisse aller l'enfant qu'elle adore. Peut-elle croire qu'il ne répondra pas un jour à ses vœux ? Voilà pourquoi son amour dure encore contre toute espérance de réciprocité.

C'est qu'en outre des liens du sang, il s'appuie sur des souvenirs impérissables.

N'est-il pas gracieux le tableau de la mère et de son enfant? N'est-il pas doux et plein de charmes ? Petit, elle lui prodigue ces mille soins que sa faiblesse réclame, sans se rebuter jamais. Elle ouvre son esprit aux choses de la vie, les lui montre en lui en indiquant le nom et l'usage. Commence-t-il à bégayer? elle joint ses mains pour la prière : Dieu est le premier nom qu'elle veut graver dans son cœur. N'attend-elle pas du Tout-Puissant protection et amour, pour le cher trésor qu'elle craint de ne pouvoir soustraire aux dangers de toutes sortes qui l'attendent dans la vie ? C'est sur la crainte de Dieu, quand il sera plus grand, qu'elle s'appuiera pour lui apprendre à aimer le bien et à éviter le mal.

Quand elle a guidé ses premiers pas, en tout ce qu'elle peut lui enseigner elle-même, elle le mène au maître qu'elle a choisi : « Continuez mon œuvre haut et bien ; je vous confie ce que j'ai de plus cher. » Cette parole qu'elle exprime avec plus ou moins de nuances, au seuil de l'école, montre son espérance d'être comprise de celui auquel elle remet tout ce que son cœur aime.

Bien indifférent, pour ne pas dire coupable, le maître qui ne serait pas touché d'une telle recommandation !

CLX

Heureux l'homme des champs, s'il connait son bonheur !
Fidèle à ses besoins, à ses travaux docile,
La terre lui fournit un aliment facile [1].

Le bonheur d'être indépendant, de vivre à l'air pur des champs, est chanté par tous, plus encore par ceux qui en sont constamment privés, les administrés, en particulier. Mais en cela, comme en beaucoup d'autres choses, on vante une félicité bonne pour d'autres, mais que l'on dédaigne pour soi. La preuve, c'est que chacun aspire à une position supérieure à celle que lui ont laissée ses parents. Le fils de l'ouvrier délaisse le travail manuel de son père pour la plume ; le fils du paysan quitte les champs pour la ville.

Vraiment, on ne raisonne guère.

Voilà un employé, avec un médiocre traitement, soumis à une dépendance de toutes les heures, appelé à vivre dans un espace étroit, soit au milieu de livres de comptes ou d'in-folio, soit ailleurs, où se rencontrent des inconvénients plus graves. Il a préféré cette chaîne à la liberté des champs, ou à l'in-

1. Delille.

dépendance relative de l'établi ou de l'atelier. Pourquoi ?

En général, pour n'être point un ouvrier, un paysan. Etre un peu mieux vêtu, vivre à l'abri des intempéries des saisons, constituent pour beaucoup la position enviable. Ils ignorent, quand ils en prennent possession, la série d'ennuis, de déceptions et surtout l'état de gêne permanent, auxquels ils seront en butte, même en remplissant strictement leur devoir.

Il est curieux de constater que bon nombre de fils de fermiers quittent une position assez aisée, pour entrer dans les rouages administratifs. Neuf fois sur dix, ils comprennent vite qu'ils eussent mieux fait de continuer à exploiter la ferme de leur père.

Ils y sont exposés, il est vrai, aux intempéries des saisons ; mais qu'est-ce que cela, quand on est jeune et fort ? Les froids de l'hiver, les pluies d'automne ou de printemps, font trouver délicieuses les belles journées de l'été.

Puis, si l'homme est intelligent, si son instruction primaire, ou même secondaire, a trouvé un bon terrain, il peut accroître son domaine et rendre ses produits plus productifs, sous l'influence de son esprit actif et développé par les connaissances acquises à l'école.

Outre ces avantages, il ne dépend que de lui-même ; ainsi que l'ouvrier devenu son maître, il est chef de sa maison. Chacun l'estime et le respecte, s'il a su conduire sa barque avec courage et prudence. Il apprend à aimer cette terre, toujours féconde pour qui sait en tirer parti. Les contre-temps peuvent venir; il ne les craint ni ne les redoute, s'il a su, dans les années d'abondance, se pourvoir contre les mauvaises.

La terre ne lui fournit-elle pas tout ce dont il a besoin : aliments variés, habits et linge, fleurs et fruits? Enfin, il y trouve paix et douceur, résultat d'une vie pure de tout mélange d'intrigues, ou de discussions politiques.

En plus de ces biens divers, s'il a l'âme un peu poétique, il goûtera amplement le spectacle touchant et toujours nouveau, pour qui sait voir, des ressources fournies par la nature : les belles matinées de printemps et d'été; les splendides couchers du soleil; les soirées d'automne et d'hiver, si remplies de charmes quand on sait les organiser.

Il n'est pas jusqu'aux mœurs des animaux qu'on élève, ni des plantes qu'on cultive, qui ne soient une source de jouissances pour qui sait juger des choses. La nature est un vaste champ d'expériences, fertile en découvertes de plus d'une sorte. L'étude que l'homme peut en faire, tout en actionnant son esprit, le purifie et l'élève vers Dieu, en l'invitant à être serviable aux autres.

CLXI

Les inclinations rationnelles ou supérieures de l'homme sont au nombre de quatre : l'amour du vrai ; l'amour du beau ; l'amour du bien, et le sentiment religieux.

L'homme est un être raisonnable, capable de comprendre et de juger. Il a des aspirations élevées ; c'est pourquoi la foi est innée en lui. Il a soif de bonheur ; la terre ne pouvant le lui donner, comme il le désire, il rêve alors d'une vie mystérieuse, remplaçant celle d'ici-bas, où il goûtera les jouissances auxquelles son âme aspire. Trop grand pour la terre, il veut l'éternité. Ainsi que Musset, il pourrait dire : « L'infini me tourmente. »

Si ces inclinations n'ont pas acquis leur complet développement, c'est que son éducation a été négligée ou faussée ; dès lors, il reste au-dessous de lui-même.

Le sentiment du juste naît avec l'homme. Regardez plutôt le jeune enfant! Faites en sa présence une action dont il puisse apprécier la valeur. Si elle est bonne, son visage s'épanouit ; il sent que c'est bien. Si elle est mauvaise, son visage manifeste de l'étonnement ; il cherche pourquoi vous, homme raisonnable, avez accompli cet acte que sa petite raison réprouve : il en est rêveur.

Remarquez aussi que si le fait est grotesque, il en rira, peut-être, mais ne l'approuvera point : vous vous êtes abaissé dans son esprit.

Par nature, l'enfant est naïf, naturel et franc, toutes qualités lui inspirant la notion du juste, avant le développement de la raison : de là ses aspirations pour le bien. C'est si vrai, qu'on l'a vu conserver des idées droites et saines dans un milieu dépravé.

Ou, quand son éducation a été bien dirigée, alors qu'il tournerait mal, il ne perdra jamais le germe des bons principes qu'il a reçus.

Donc, en général, l'homme naît avec des aspirations élevées, puisqu'il est susceptible de les conserver, alors qu'il est mal entouré. Il est aussi capable de perfectionnement.

La première des aspirations de l'homme est l'amour du vrai.

Tout homme, tant soit peu honnête, a horreur du mensonge. Quand l'enfant altère la vérité pour la première fois, c'est qu'il y a été poussé par une sévérité excessive pour ses fautes. L'habitude de mentir peut provenir aussi d'un exemple permanent de fourberie.

Mais s'il a été dirigé avec prudence, ou s'il a vécu dans un milieu honnête, il ignorera toujours la dissimulation : il ne la comprendrait pas, Devenu homme, il dira la vérité, quoi qu'il lui en coûte. Toute chose ayant un caractère de fausseté, même dans les cas vulgaires de la vie, lui fera horreur.

On en a vu de ces gens rester naïfs à force d'être francs : tableau bien touchant à considérer.

La seconde aspiration de l'homme est l'amour du beau.

Tout petit, l'enfant aime ce qui brille. Commence-t-il à comprendre? ce n'est pas tant ce qui attire ses regards qui le frappe; c'est aussi toute action capable d'émouvoir son cœur, ou toute œuvre susceptible de captiver son esprit.

Les masses sans instruction ne sont pas non plus insensibles aux beautés de l'art, pas plus qu'elles ne le sont aux actions nobles et grandes. D'instinct, elles admirent les chefs-d'œuvre sans les comprendre, comme elles acclament, avec enthousiasme, une action d'éclat.

De l'amour du beau à l'amour du bien, il n'y a qu'un pas. L'amour du vrai, n'est-ce pas le chemin le plus court menant tout droit au beau, et du beau au bien?

L'homme peut se trouver dans une situation fausse, avoir manœuvré dans les chemins scabreux, être tombé assez bas même, vu qu'il est fragile et changeant. Se plaît-il au moins dans cet état de bassesse? Non. S'il tombe, il se relève; à moins qu'il ne lui reste plus rien à l'esprit ni au cœur : ceux-là ne comptent plus.

Le bien est un aimant qui attire à soi tout homme bien né, ayant conservé quelque dignité. S'il s'en éloigne un instant, il y revient vite; c'est là surtout qu'il se meut à l'aise, que sa conscience se calme, et qu'il y trouve la joie de vivre, connue seulement de l'homme honnête et loyal.

La quatrième aspiration de l'âme est le sentiment religieux.

Plus les idées sont élevées, délicates et nobles, plus on sent le besoin de se tourner vers Dieu et de s'en rapprocher. Les raffinés dans les sentiments, les âmes bien douées, goûtent la Divinité; seuls, les grossiers et les sensuels l'ignorent. Trop alourdis par leurs sens, ils ne peuvent s'élever jusqu'à la suprême Beauté.

Aussi les âmes d'élite ont-elles trouvé de sublimes accents pour glorifier Dieu. Ecoutez ce cri d'Alfred de Musset :

> Quel qu'il soit, c'est le mien ; il n'est pas deux croyances !
> Je ne sais pas son nom ; j'ai regardé les cieux.
> Je sais qu'ils sont à lui, je sais qu'ils sont immenses,
> Et que l'immensité ne peut pas être à deux.

Si le respect humain pouvait être banni de la société, on verrait plus d'hommes religieux que d'incroyants. Il ne suffit pas de reconnaître Dieu; les hommages que nous lui devons s'imposent avec la foi. Les paroles du Rédempteur dans l'Evangile l'affirment : « Celui qui me dit : Seigneur ! Seigneur !

n'entrera pas pour cela dans le royaume des cieux ; mais seulement celui qui fait la volonté de mon Père qui est dans les cieux. »

L'invitation est formelle ; il ne suffit pas de dire qu'on aime Dieu, il faut en arriver aux dogmes et à la pratique.

Donc, les inclinations rationnelles ou supérieures de l'homme, en le conduisant à l'amour du vrai, du beau et du bien, le mènent tout droit à Dieu, qui comprend en lui-même l'essence des aspirations nobles de notre âme.

CLXII

Toute puissance porte en elle une loi qui fait sa force. Dieu souverainement libre est en même temps souverainement nécessaire. L'intelligence a aussi sa règle. Cette règle, c'est le passage du connu à l'inconnu, du doute à la certitude. « L'accroissement des certitudes constitue la science[1]. »

La loi qui fait la force de Dieu, c'est qu'il est souverainement libre et souverainement nécessaire. Maître de tout, il ne relève que de lui-même. Il s'appartient; nul n'a d'action directe ou indirecte sur sa volonté.

Immuable, éternel et tout-puissant, il est le seul de qui l'on puisse dire : « Il est. » Ne l'a-t-il pas révélé lui-même? « Je suis celui qui suis. » Donc, Dieu est véritablement une force, étant souverainement libre et incréé.

Il est souverainement nécessaire.

Puisque tout dépend de Dieu, lui seul dirige de sa main puissante le travail admirable de la nature et la marche de l'univers. Absolument indispensable à la conduite des mondes connus et in-

1. Ozanam.

connus, le divin Architecte l'est également au cœur et à l'esprit de l'homme, ce chef-d'œuvre de la création.

L'homme pourtant a nié l'action directe de Dieu sur la créature. Mais, a-t-il jamais sérieusement douté, lors même qu'il nie? Nul ne saurait l'affirmer. Soumis à mille influences du dehors, son esprit va sans cesse flottant; ne pouvant comprendre, il préfère nier que de s'avouer vaincu.

Le doute, révélant son impuissance, tout en l'humiliant, le force à rechercher la vérité. Mais, plus il cherche à dévoiler Dieu, plus il s'égare. En raison de son incapacité ou de ses faiblesses, il a pu dire : « Je ne crois pas. » Et tandis qu'il avance cette énormité, le doute le trouble et l'accable.

Une preuve que Dieu est nécessaire à l'homme, c'est que le mystère de la Divinité l'agite et l'émeut silencieusement. Il doute et il crie vers lui. C'est une force sur laquelle il s'appuie dans le danger, vers laquelle son âme s'élance, s'il souffre, le conjurant de calmer ses angoisses et ses souffrances.

Combien n'en a-t-on pas vus, de ces gens indifférents pendant la prospérité, ou les douceurs d'une santé parfaite, lancer dans l'épreuve ce cri d'alarme ou d'espérance : « Mon Dieu, sauvez-moi! Mon Dieu, ayez pitié de moi! » En ces moments pénibles, l'orgueil disparaît, faisant place à des sentiments d'incapacité ou de faiblesse.

Dès lors, l'homme tourne toutes les puissances

de son âme vers Celui qu'il a pu nier, mais dont il n'a jamais douté sérieusement au fond de son cœur.

Rien ne prouve encore mieux Dieu, que le besoin insatiable de l'humanité de croire, besoin qui la pousse à rechercher la vérité : n'est-ce pas la loi qui porte son intelligence à scruter les mystères de la science? L'homme veut savoir; en raison de cette volonté, il recherche avec avidité les causes et les effets des phénomènes extérieurs. A-t-il résolu quelques problèmes difficiles? il ne s'arrête plus; son désir croît en proportion du chemin qu'il parcourt. Allant du connu à l'inconnu, il ressent une sorte d'ivresse à mesurer les obstacles, à les vaincre, chaque fois qu'il passe du doute à la certitude.

« L'accroissement des certitudes constitue la science », a dit Ozanam. Quand, des effets, l'homme remonte aux causes, et que, par ce travail, il entrevoit plus d'un mystère, l'a-t-il entièrement pénétré? Non. Il y a au fond de toute chose un coin caché que le génie de l'homme, si profond qu'il soit, ne peut atteindre. Pourtant les effets sont là, palpables. Il les voit, il les touche; effets qui le portent à s'incliner devant la science qui les lui a montrés, au moyen de telle ou telle cause, sans qu'il se préoccupe autrement de certaine filière qu'il n'a pu suivre. Alors, pourquoi resterait-il incrédule devant les dogmes de la foi qu'il ne peut comprendre?

Les mystères de la science appuient les dogmes religieux ou philosophiques.

Ainsi, il croit à la transformation de la graine en plante, à la violence des tempêtes, à la rapidité de l'électricité, à la force de la vapeur; en un mot, aux mille secrets au moyen desquels l'industrie humaine a décuplé les richesses des nations civilisées, sans pouvoir les déchiffrer entièrement, restant pour la plupart à l'état de conjectures. Dès lors, quand il doute d'un mystère de la foi, il est en contradiction avec lui-même. N'a-t-il jamais cherché à nier le profond génie de certains hommes, pas plus que les trésors de charité enfermés dans le cœur de beaucoup d'autres? Et il douterait de la puissance de Dieu et de son amour? C'est une anomalie à laquelle les gens bien pensants ne peuvent se heurter sérieusement.

Citons en passant ces vers du poète, par lesquels il célèbre les relations humaines avec l'infini :

> Créature d'un jour qui t'agites une heure,
> De quoi viens-tu te plaindre et qui te fait gémir?
> Ton âme t'inquiète et tu crois qu'elle pleure :
> Ton âme est immortelle et tes pleurs vont tarir [1].

L'homme a des forces en lui-même qu'il décuple à son gré, pour peu qu'il veuille s'en donner la peine. Les principales sont : la volonté, l'esprit et l'amour. Il les connaît pour les avoir exploitées

[1]. A. de Musset.

avec plus ou moins de succès, il est vrai; mais, enfin, il ne pourrait en douter sans douter de lui-même. Alors, qu'il ne nie plus Dieu et les mystères dont il est entouré.

Résumons par ces pensées consolantes :

Dieu est force; la preuve en est dans les lois qui règlent l'univers.

Dieu est amour : la Rédemption le prouve.

Dieu est miséricorde : témoin sa patience magnanime.

CLXIII

La désolation couvre la terre, parce qu'il n'est personne qui médite en son cœur.

La méditation, ou réflexion, est un guide sûr, donné à l'homme pour diriger sa conscience.

On constate que les crimes qui désolent la société moderne sont généralement commis par de tout jeunes hommes, de quinze à vingt ans. Si le crime leur devient facile, poussés qu'ils sont par la convoitise, n'est-ce point parce qu'ils ne savent plus être sérieux ?

Leur a-t-on enseigné à réfléchir, à rentrer en eux-mêmes ? Leur a-t-on appris à méditer sur les faiblesses permanentes, partage de l'humanité, afin de leur en montrer le danger, si on leur laisse une trop large place en son cœur ? En un mot, leur a-t-on fait toucher du doigt l'abîme dans lequel ils pourraient sombrer, en ne cherchant pas à les combattre, et leur a-t-on fait comprendre que le devoir de tout homme qui se respecte consiste à marcher haut et ferme dans le chemin du bien ?

Qui aidera l'homme dans cette étude du cœur humain ? La réflexion ou méditation.

Mais qu'est-ce que la méditation ? C'est un travail de l'esprit, au moyen duquel chacun peut scruter les inclinations diverses de sa nature, pour apprendre à les apprécier et à les diriger. Connaissance indispensable à la culture de notre âme.

C'est encore une étude de belles pensées, écrites en vue du perfectionnement moral de l'homme, laquelle étude, tout en nous montrant ce qu'elles ont de bon, nous permet d'en tirer une déduction favorable à la culture du cœur et de l'esprit.

Les sages de l'antiquité, de la Grèce et de Rome, aussi bien que les philosophes modernes, comme les Pères illustres de l'Eglise, ne sont devenus de profonds penseurs et de vrais moralisateurs, que parce qu'ils ont appris la science de bien vivre par la méditation.

Quelle valeur morale peut acquérir quiconque n'a jamais réfléchi ? ou bien n'a pas su faire un retour sur lui-même, pour comparer le bien au mal qui s'y trouve, afin d'en faire un choix judicieux, capable de l'aider à vivre loyalement ? Sérieusement, aucune. Il restera toujours flottant avec lui-même; n'ayant pas cherché sa voie, il se trompera souvent de chemin.

La vraie force de caractère vient de l'étude du cœur et de l'âme, n'en doutons pas; de même que le génie de l'homme ne se révèle et ne s'accroit qu'en observant et en comparant.

Combien d'efforts ne faisons-nous pas, à seule fin de nous créer une position convenable dans le monde ? C'est bien, même louable. Qui ne vise à rien, n'aboutit à rien. Mais n'est-il pas plus raisonnable de travailler de toutes nos forces à devenir vertueux ? Si ce n'est pas toujours une condition de réussite, c'est un moyen infaillible d'avoir le courage de supporter noblement les épreuves de la vie et de vivre honnêtement.

Si la désolation couvre la terre, c'est que le mal l'emporte sur le bien. Travailler à son perfectionnement moral, c'est ce à quoi nous pensons le moins.

Tandis qu'on dépense une activité infatigable à se créer une position; qu'on décuple, au besoin, ses facultés pour y aboutir, on ne sait pas s'arrêter un seul instant sur la capacité dont on dispose, pour faire face aux luttes de la vie. Le point capital étant oublié, de là des énervements, des découragements, des défaillances même. Ou bien des audaces qui jettent la perturbation dans les sociétés, montrant l'injustice des différences sociales, sujet toujours troublant pour des esprits mal équilibrés.

Le remède serait là où l'homme le cherche le moins. Au lieu de se créer des besoins factices, d'envier une carrière au-dessus de ses aptitudes, de rechercher les honneurs d'un poste où il restera souvent un déclassé, s'il avait fait un retour sur lui-même, pour connaître les moyens dont il dispose, ou les faiblesses dont il doit avoir raison, il aurait eu moins de mécomptes.

« Connais-toi toi-même », dit le proverbe. C'est chose délicate et difficile. Il faut apporter à cette recherche un véritable esprit de justice et beaucoup de bon sens. Alors, on arriverait à un résultat plus moralisateur que de s'arrêter à l'étude de doctrines erronées, dont on se nourrit trop souvent, faites plutôt pour nous leurrer, que pour nous montrer la justesse des faits.

En agissant ainsi, le nombre des éternels déclassés diminuerait sensiblement, et par là, on éviterait les jalousies, les dissentiments qui détruisent si souvent l'équilibre social.

Suffit-il d'indiquer un remède que personne ne songe sérieusement à appliquer? Évidemment non. C'est aux éducateurs qu'il appartient de s'en servir. Nous avons de nombreuses écoles dans lesquelles on s'instruit de tout; qu'on mette au premier rang du programme « la science de la vie. » Qu'on ne fasse plus la leçon de morale avec mollesse ou indifférence; qu'on y apporte au contraire toute la chaleur d'un esprit convaincu, en initiant nos jeunes gens au travail de la pensée.

Que, sous le prétexte aussi de n'avoir pas la liberté de l'enseignement confessionnel, on n'éloigne point toute idée de Dieu; ou, quand on en parle, que ce ne soit point d'une façon si vague, qu'elle laisserait plutôt un doute dans l'esprit. La morale qu'on ne peut appuyer sur la crainte de Dieu, devient bientôt nulle pour le jeune homme mis en contact d'idées malsaines, ou simplement à l'éveil de ses passions, dès son entrée dans le monde.

Au contraire, en lui inspirant la crainte salutaire de l'éternel mystère de la mort, ou la suprême espérance en la miséricorde divine, nous ne risquerons plus d'être autant troublés que nous le sommes par la dépravation écœurante d'une jeunesse, si intéressante pourtant, puisqu'elle est destinée à former notre société moderne.

De plus, nous aurons travaillé à l'œuvre philanthropique par excellence : celle de faire des heureux par la satisfaction de leur conscience ; travail plus profitable et plus méritoire que celui de discuter sans cesse sur les opinions d'autrui. L'esprit de parti est ce qui divise le plus et moralise le moins ; c'est bien, assurément, la cause inéluctable de l'affaiblissement du patriotisme ou de la valeur morale de l'homme.

CLXIV

La félicité de ce monde est composée de tant de piéces, qu'en un cœur d'homme, il y en a toujours une qui manque. Le bonheur ne s'aperçoit qu'entouré d'épinés ; d'où qu'on l'aborde, on se pique.

Qu'est-ce à dire ? sinon que le bonheur n'est jamais complet.

L'homme est insatiable dans ses aspirations, comme dans ses désirs. Son âme a soif d'émotions inconnues ou nouvelles, croyant y trouver une satisfaction à l'ardeur qui le dévore, ou au moins un apaisement. La première est-elle passée, que vite il en espère une autre. Mais rien ne vient combler le vide immense qu'il ressent en son cœur. Témoignage irrécusable de sa céleste origine.

A-t-il cru trouver le bonheur dans les richesses ? vite, il les envie ; alors il travaille avec ardeur à les acquérir. Lorsqu'il a dépensé son énergie, qu'il a fait mouvoir ses talents, ou qu'il a épuisé les ressources de son esprit, si la fortune lui devient favorable, il connaît bientôt la satiété.

Brigue-t-il les honneurs d'une haute position ? Il entre résolûment en lutte. Nulle peine ne lui coûte pour satisfaire l'ambition qui le tourmente. Après bien des soucis, bon nombre de déceptions, il atteint enfin le poste qu'il convoite. Heureux sera-t-il si, dans l'âpreté du combat, il ne laisse pas la meilleure partie de lui-même, c'est-à-dire l'honnêteté ou la franchise de son caractère. En tous cas, il y laisse trop souvent sa tranquillité.

Là, peut-être, connaîtra-t-il la félicité suprême ? c'est au moins le rêve qu'il a caressé pendant longtemps. Illusion!... Les jalousies, les déceptions, souvent les haines et parfois le remords, voilà la pièce, selon la remarque pittoresque de l'illustre évêque, qui manque à sa félicité pour être complète.

Un bonheur où se trouvent tant d'accrocs peut-il s'appeler bonheur ? Le moment où l'homme se nourrissait d'espérances est sans doute ce qu'il y a eu de plus réel dans sa jouissance.

N'importe, quoi que nous désirions, que cela s'appelle richesses, honneurs, plaisirs, rien ne nous satisfait entièrement. Il suffit de se recueillir en soi-même, jeunes ou vieux, pour s'en convaincre.

La soif inextinguible de bonheur dévorant l'humanité, prouve que ses aspirations sont infinies comme Dieu de qui elles émanent.

Le colonel Paqueron disait : « Où Dieu n'est pas, j'étouffe. » Beaucoup feraient le même aveu, s'ils étaient francs ; mais ils ne veulent pas comprendre que les jouissances de la vie sont fleurs éphémères, qu'on ne cueille point sans que l'épine, selon le mot de Bossuet, ne pique la main qui les approche.

Une preuve, entre toutes celles qu'on pourrait invoquer, montre les aspirations élevées de l'âme humaine : c'est que notre esprit se plait à regarder la beauté idéale. Ne ressentons-nous pas une jouissance exquise, dans l'intime de notre être, quand il nous est donné d'apprécier les qualités du cœur et de l'esprit de l'homme supérieur ? Mais si la beauté physique nous attire et nous charme, seule la beauté de l'âme nous touche et nous émeut.

Le cœur, malgré ses faiblesses, a ainsi de ces mystères impénétrables. Souvent en contradiction avec lui-même, il admire ce qu'il n'est pas, ou ce qu'il n'a pas le courage de faire ; il comprend ce qui lui manque en le retrouvant chez d'autres. Aussi prompt au blâme qu'à la louange, l'homme est un témoignage constant de la noble origine de son âme et de son immortalité ; car s'il n'a pas été entiè-rement dépravé sous le joug impérieux de ses passions, il garde au fond de lui-même le sens profond du bien et du beau.

TABLE DES MATIÈRES

5596. — Bar-le-Duc. — Impr. de l'ŒUVRE DE S.-PAUL. — 2531,06.

www.ingramcontent.com/pod-product-compliance
Ingram Content Group UK Ltd.
Pitfield, Milton Keynes, MK11 3LW, UK
UKHW021005140726
13695UKWH00001B/91

9 782016 136768